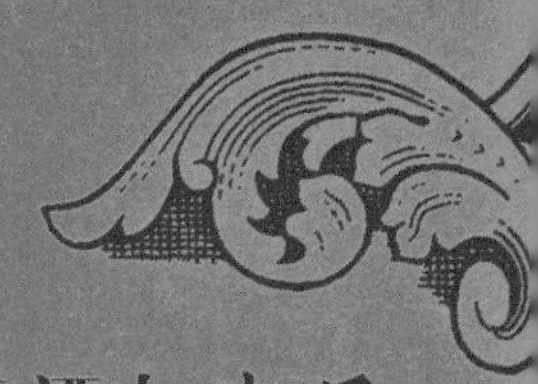

葡萄酒与音乐

Le Vin & la Musique

Le Vin & la Musique

葡萄酒与音乐

[法] 希乐薇·何布勒（Sylvie Reboul）著
程欣跃 译

人民东方出版传媒
People's Oriental Publishing & Media
東方出版社
The Oriental Press

目 录

Contents

花瓶，诺亚的传说。

献给我已去了天国的父亲……

Introduction

序

水催人泪，酒诱人歌

"夜晚，酒的灵魂在瓶子里歌唱……"
——查理·波德莱尔（《酒魂》）

《音乐之碑》，约公元前2150—前2000年，美索不达米亚地区。

自蒙昧时代起，音乐即伴随着人类的生活。无论是宗教典礼，还是军事仪仗队，抑或是爱情赞歌，人类在其社会及个人生活最富激情的时刻都离不开音乐的旋律。

许多巫术仪式中，念咒作法全有赖于音乐，才能营造出一种氛围，使人们沉浸其中，忘却物质上的烦忧，接受神灵的存在。音乐是人神之间关联的起源。音乐还可以让人有机会远离日常生活的纷扰，尤其通过唱歌，来抒发许多情感——忧伤、狂喜、平等、希望和力量。唱歌使众信徒得以在精神上与诸神融为一体，唱歌也能将饮酒者彼此凝聚在一起，能造就恋人间的似水柔情，能激发战士英勇的斗志。

在《约翰·克利斯朵夫》第五卷《新的曙光》里，罗曼·罗兰揭示道："生命如梭。肉体和灵魂似流水般逝去。

红彩人物纹双耳圣爵杯，由意大利蒙特沙勒丘城的一位画家绘于公元前 4 世纪。

岁月印刻在老去的树身上。整个有形的世界都在消耗，更新。唯有你常在，不朽的音乐。你是内在的海洋。你是深处的灵魂。”

而葡萄酒，自诺亚时代起，就被视为一种神圣而有魔力的饮品，同样能使人类亲近神灵，触及崇高的真实，表现最本真的自我——既不伪善亦不虚假的自我。作为生命本质的象征，葡萄酒也是人与人之间感情交融相通的主导者。同时，葡萄酒这一人类食物的基本组成部分，还具有一定的保健治疗功效。

葡萄酒具有实实在在的社会和文化价值，伴随着人类历史的发展历程。因此，音乐与葡萄酒的结合看起来如此浑然天成便不足为奇。这不仅体现在与消费有关的场合中，而且在歌曲以及音乐家的生活里也是这样。早在公元前5000年，人类就已知晓了酿造葡萄酒的方法。比如，在伊朗的哈吉-菲拉斯-泰伯新石器时代遗址上，就曾发现葡萄发酵过程中所产生的物质的痕迹。下至百姓的家庭聚会，上至帝王的庆典仪式，一整套社会结构以葡萄酒为基础组织起来。饮酒之后，人们交谈的欲望变得强烈，沟通变得更加畅快，酒兴浓时更会手舞足蹈，放声歌唱。

千百年来，音乐与餐桌自然而然地组成了一对搭档，二者的结合同时满足了好几种感官享受，带给人无边的幸福感。

在西方最古老的文明里，葡萄酒与音乐在宴会中紧密地结合在一起。如古希腊的会饮上就穿插了与二者相对应的物质和精神方面的娱乐活动。

在《法义》中，柏拉图解释了，当全体民众共享美酒时，酒如何通过促动酒意渐酣的人们感受音乐并放声歌唱，从而使人与人之间的共处变得更加容易。

地中海居民在舞蹈中挥动并敲打的木棍正是昔日埃及人为统一压榨葡萄汁的动作和节奏而使用的木棍。农业节日上所演奏的小手鼓和长笛也曾回响在古希腊的葡萄压榨工厂里，陪伴着葡萄压榨工人的辛苦劳作。为了祭祀狄俄尼索斯，百姓们举办盛大典礼，载歌载舞，尽情狂欢。热情的信徒们组成合唱队，在长笛、响板、铃鼓的乐声中，齐声歌唱酒神赞美歌——为纪念狄俄尼索斯“两次诞生”的颂歌。

在遭受了蛮族入侵的黑暗时代而幸存下来的世界里，葡萄酒与音乐在宗教秩序中得以重获新生，并继续紧密结合着。僧侣们发明了葡萄栽培的新方法，创作了格里高利圣咏，从而奠定了现代葡萄栽培和西方音乐的基础。

由此，我们可以联想起关于圣·马丁的有趣传说，其灵感即来源于狄俄尼索斯的传说。“一天，马丁从潘诺尼亚（中欧的历史地名）带回一株矮小细嫩的植物，一开始把它放在一块鸟骨里。路上，这棵小植物飞快地生长，马丁不得不将它挪放到一块狮子骨头里，后来又得把它放到一块驴子骨头里。抵达图尔以后，他把这棵植物栽种起来。待到秋天，植物结满葡萄，葡萄汁装满三个有柄小口酒壶。喝第一口，饮酒者唱起歌来似鸟儿；喝第二口，饮酒者拥有了狮子的力气；喝第三口，饮酒者开始像驴子一样大嚷大叫。”

中世纪宴会以及后来的宫廷节庆延续着千百年来古代宴会的传统，而与此同时，露天跳舞小酒馆、音乐会咖啡馆以及酒神歌舞团，如同远古时代一样，也在为人与人之间感情的沟通交融助上一臂之力。“啊，盛满奥秘的酒瓶，我用一只耳朵，聆听着你。”在《巨人传》的第五卷《神瓶》中，拉伯雷向我们如此诉说。

如今，在数不胜数的庆祝葡萄种植和采摘的盛大游行活动中，音乐占据了很大一部分，就像大型音乐盛会与葡萄酒也是密不可分的一样。从另一方面来看，歌剧观众通常意料之外的情绪反应，如小声啜泣、大声叫嚷、向男高音鼓掌致意，往往接近于狄俄尼索斯式的集体性歇斯底里。

这也证明了，传统从未曾消失过。除了这些它们两者相伴出现的场合，葡萄酒与音乐在歌曲中的联系或许更为亲密。

不论是中世纪的古老歌曲、当代法国香颂，还是歌剧，它们大量经久不衰的保留曲目中都有提及葡萄酒。和朋友或不相识的人们一起唱歌，共同分享喜悦、忧愁或热情，感受彼此之间的亲密团结以及强大的力量。

“歌曲作为一种完全独立的音乐语言，是百姓最钟爱的表达方式。歌曲能反映百姓的历史、词汇、烦心事，尤其能反映百姓的情感。歌曲的历史涵盖了情感的历史”，克洛德·杜纳东在他的皇皇巨著《法国歌曲历史》中这样解释，“或许正因如此，歌曲被那些学院式的文化机构近乎堂而皇之地遗忘，甚至摒弃。”

今天，或许正是那些被葡萄酒世界所忽略的数量庞大的保留曲目，能再次给予葡萄酒世界以深刻与活力。谁还记得名声赫赫的皮埃尔·杜邦先生的那首《我的葡萄园》？此曲在19世纪中期绝对名噪一时，赞美了葡萄赖以生长的风土所具有的宽厚与仁慈。

我们早已忘记了莫里斯·拉威尔或埃克托·柏辽兹所作的饮酒歌，而乔治·布拉森的名曲《葡萄美酒》也渐渐黯淡，直至消失在了遗忘中。庆幸的是，几位法国当代歌手在他们的歌曲中欢快动人地展现了葡萄酒这一主题，比如帕斯卡尔·奥比斯波细腻柔美的《年份葡萄酒》。

盎格鲁－撒克逊音乐对葡萄酒题材的引用同样丰富。从伍迪·加瑟瑞到野蛮男孩，以及那些推崇蓝调、爵士乐、摇滚乐以及流行音乐的歌手，都在他们的音乐中唱过葡萄酒。甚至可以说，法国科涅克白兰地（le cognac, 又名“干邑白兰地”。——译者注）正是经由美国黑人说唱歌手的音乐而在美国盛名远播的。

香槟享有非常独特的地位，始终以一种成功的姿态，历经时代变迁，静观音乐形式的变换。作为众多歌剧中不可或缺、无法回避的主题，无论是法语还是盎格鲁－撒克逊的歌曲都盛赞香槟的美妙特性与优雅气质。钟爱抒情艺术的法国作家皮埃尔－让·雷米这样描述："那么，究竟香槟是什么？其实没什么。只是气泡，四周散发光芒的气泡。可那是怎样的光芒啊！轻盈的金黄色，轻盈的……似空气般晶莹，如音乐般灵动。仿佛莫扎特的另一首曲子，也许正是《女王之夜》。在哪儿？当然是在《魔笛》里。"

最后，如果我们这本书对葡萄酒在音乐家生活里的地位没有给予关注的话，那么它将是不完整的。中世纪吟游诗人的饮酒量很大，19 世纪的法国民间小调歌手也是如此。但，是否有人知道，理查德·瓦格纳曾是热忱的香槟爱好者？勃拉姆斯死去的那一刻，正在赞美莱茵河葡萄酒的优良品质？而朱塞佩·威尔第曾种过葡萄，并亲自酿过葡萄酒？

其实，并非只有这些所谓的"古典"作曲家才懂得欣赏这葡萄藤下的美汁。一些法国香颂歌手也钟爱葡萄酒，如夏尔·阿兹纳夫、皮埃尔·佩雷这样无比虔诚的葡萄酒爱好者。

结束了这段穿越时间与音乐风格的旅程之后，我们终于在情绪与感觉的迸发中寻得葡萄酒与音乐相结合的基础。瑞士指挥家夏尔·迪图瓦在谈及克洛德·德彪西的音乐时曾着重描述了这一点："响亮而不喧嚣，丰富而不艰涩。柔和而透彻的细微差别不能以节拍器上的指数或者表示音响强度的力度记号来标注。这些细微差别让人联想起勃艮第葡萄酒馥郁醉人的芳香，魏尔伦悦耳迷人的诗句，还有莫奈油画上大块浓重的单色调所呈现出来的深浅相宜并富于变化。"

同样，哲学家米歇尔·翁弗雷也曾精辟地阐述过葡萄酒与音乐在其深层本质上的关联："酒的时间即音乐的时间，是渐趋消失的，是注定要在灵魂上雕凿出痕迹、回忆与见证的。一入耳，四周即刻空寂，只有这旋律在其中绵延流淌；一入口，葡萄酒即慢慢地消散在身体里，直至了无踪迹。"

"在这两种情况下，这两样由时间萃取的精华只有通过抒发出来的情绪以及流露出来的感受才得以继续存在下去。"（节选自《葡萄酒工艺》一书中的“帕图斯教程”一篇。1995年11月29日至1996年3月10日，布鲁塞尔市政信贷银行举办了“葡萄酒工艺”展，这本书正是以此为契机而编辑出版的）

葡萄酒之歌

和音乐世界一样，葡萄酒世界也拥有一套自己专属的词汇表。最令人惊诧的是，它们在许多方面都有相同之处。

当葡萄酒在酿酒槽里发酵的时候，我们说，它在“唱歌”。自公元15世纪起，吹口哨这个动词具有了喝酒的意思。在20世纪之初，长笛（la flûte）一词被用来指称细长的酒瓶，而今，在法国安茹、阿尔萨斯和塔维尔地区，人们仍沿用这一说法。

确实，我们在品酒术语里找到的跟音乐相关的词汇是最多的。究其根源，似乎葡萄酒一开始并没有自己的专属词汇表。于是，当19世纪的法国民间小调歌手在小酒馆等饮酒娱乐场所自编自唱，施展才华的时候，人们便从中汲取了大量词汇用来形容葡萄酒。

比如，葡萄酒也有一段前奏和一段终曲，也具有很多细微的差别，可以是闪闪发光的（如熠熠生辉的一个音），也可以是馥郁芳香的（如多种乐器共鸣时音响的调和）。

如同一架崭新的钢琴，葡萄酒在年轻时也可以是淡绿色和内敛的。

葡萄酒的香味也可以像一支双簧管奏出的乐音，带有一种浓郁的木质感。品酒时，人们使用的形容语有酸的（刺耳的声音）、充分的（广阔的声音）、强烈的（掺了太多酒精的）、圆润的，等等。葡萄酒的坚韧强劲犹如连绵不绝的有节奏的音符，高潮迭起，时而还带有一个延长音记号。

葡萄酒的结构如同一首曲子的主旋律那样重要。它的体积仿佛可以充盈整个口腔。

音乐的语言也如葡萄酒的语言一样，有其悖论之处：某些“木”管乐器实为金属制造，英国管既非号角，亦非源自英国，就如同白葡萄酒从来就不是白色的！

另外，一些俗语也将葡萄酒与音乐联系了起来。“如唱诗者一般饮酒”让人联想起布里亚·萨瓦兰（Brillat Savarin）的“歌声让人更加口渴”。尼古拉·布瓦洛在《唱诗班》第二章中也提及了那些享有酒徒名声的教堂歌者：

“唱诗毕，夜宵来，神甫一哄而散。

小酒馆里开怀饮，尽是唱诗人。”

我们还可以回想起，在19世纪，吹奏风笛即意为饮酒。于是也产生了这样的说法：“在风笛里喝上一杯。”（意为“喝醉了”。——译者注）

CHAPTER 1

第1章 穿越历史长河的葡萄酒与音乐

Le Vin & la Musique

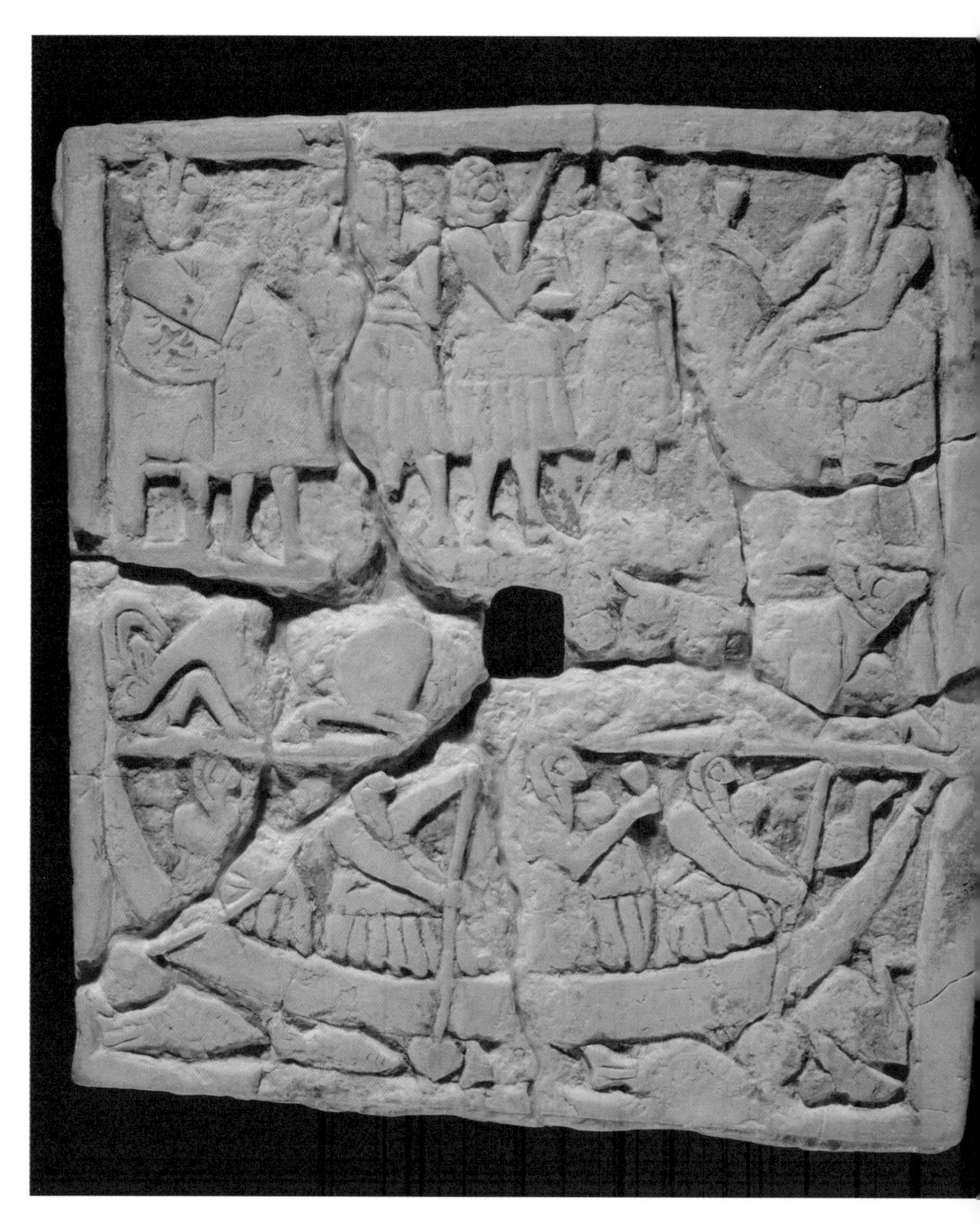

雕刻有宴会和航海场景的打孔徽章，苏美尔时代，约公元前 2900—前 2200 年，美索不达米亚地区。

古老文明中的典礼与节庆

镜箱:《中世纪骑士比武场景》，公元 14 世纪。

乌尔城军旗雕刻于约公元前 3000 年，表现的是一对苏美尔皇室夫妻在竖琴声中惬意地饮酒以庆祝一场胜利。古希腊人使“会饮”达到了精致高雅的程度，并祭祀狄俄尼索斯这个“喧闹的家伙”。

当人类社会处于最古老的文明之时，葡萄酒与音乐即已在宴会中相结合。公元前 5000 年，在有着葡萄栽培摇篮之称的格鲁吉亚，人们会在祝酒时唱起史诗赞歌。

在近东，饮酒文化自公元前 4000 年起便开始广泛流传。作为宴会社交必不可少的欢愉之饮，葡萄酒伴着乐曲与歌声，为苏美尔人、亚述人、巴比伦人，当然还有古埃及人的节庆活动更增添了一份畅快与喜悦。

此时，人们饮用的是啤酒和棕榈酒，但葡萄树，对于以其文明统治了美索不达米亚平原上千年（公元前 3000—前 2000 年）的苏美尔人来说，是一种生命的象征。和在基督教世界里一样，葡萄酒代表了血。因此，在诸多庆祝重大事件的宴会上都会出现葡萄酒的

石碑：《亚述巴尼拔和他的夫人在宴会上》，公元前 12 世纪。

身影：军队凯旋的庆功宴、宫殿或庙宇的落成典礼、外国使团来访的欢迎仪式，等等。

苏美尔时代之初的一些人物纹雕饰品还为我们提供了当时宴会的具体细节。一些石刻纪念章或圆柱形徽章展现了落座的各色宾客手持高脚杯，身边簇拥着侍者和乐器演奏者的场景。

能够完美体现苏美尔文明中葡萄酒与音乐相结合的，是乌尔城（今天位于伊拉克境内的一个城市）骑兵队旗，现陈列于伦敦的大英博物馆。这面皇家军旗镶嵌画被富丽堂皇地装饰在一个木盒上，可追溯至公元前 3000 年上半叶。我们看到，国王安坐于宝座之上，手持一个高脚杯，身边尽是达官贵人。乐师奏响竖琴，国王开始庆贺胜利。实际上，竖琴和里拉琴都是由美索不达米亚人民创造出来的，还有鲁特诗琴以及金属铙钹、响板等打击乐器。

另一个例子是表现“亚述巴尼拔筵席”的白玉浅浮雕（公元前 668—前 626 年），年代要晚一些。这块浮雕出自这位亚述国王在首都尼尼微的王宫，现同样陈列于伦敦大英博物馆。浮雕展现了他与王后坐在皇宫花园里的葡萄藤下，一边听音乐一边畅饮葡萄酒的情景。他们在庆贺他们的军队打败了埃兰帝国，并将埃兰国王窦芒的首级悬挂在了树上。在手持“蝇拂”的贴身侍从近旁，列席有乐师和其他仆人。

“葡萄酒，葡萄酒，塔鲁瓦利安啊，葡萄酒！”

于公元前16世纪至公元前12世纪生活在安纳托利亚的赫梯人与苏美尔人之间有着非常近的亲缘关系。一位赫梯族录事官在一块薄板上记录的文字描绘了一场宗教仪式的举办过程。由于是场非比寻常的仪式，歌词被记录在文中：“当葡萄酒装满鼓形壶，为求慰藉神灵，第一个满饮此壶酒的便是司酒官自己。拉鲁比亚城的男人们开始唱起歌来：‘葡萄酒，葡萄酒，塔鲁瓦利安（叹词，源自赫梯语的一种方言。——译者注）啊，葡萄酒！’。当他们喝着酒，甚至当所有人都喝完了酒的时候，他们依然唱着这首歌，不停地唱着。”（节选自《拉鲁比亚城的宗教节日》）

残存的壁画：《宴会场景》。

众所周知，埃及人是杰出的葡萄酒酿造者，葡萄酒和音乐一样，是埃及人生活的一部分。例如，埃及人边摘葡萄，边唱歌。皇室和贵族的家宴上也少不了音乐、啤酒和优质葡萄酒（多出产自位于尼罗河三角洲左岸，毗邻利比亚沙漠的葡萄种植区）的助兴。而在葬礼的筵席上也会奏响竖琴。

纳巴泰人，曾是一个掌控乳香、香料以及珍贵木材贸易的民族，其繁盛时期从公元前 4 世纪持续至公元 1 世纪，其领地范围从阿拉伯半岛延伸至叙利亚。对于纳巴泰人来说，宴会是听歌饮酒的好机会。根据斯特拉波的记载，纳巴泰人特别能喝酒，尤其是在祭祀神灵和逝者的仪式宴会上。另外，人们还发现了在巨块岩石上挖凿而成的葡萄压榨机。佩特拉古城的来访者必须在一块露天空地上向纳巴泰人的神灵——杜莎拉或阿鲁扎献祭。献祭之后，有一场仪式宴会，在原地或在悬岩上布置好的石屋里举行。宴会只许男人参加，包括宴会主人在内共十三人。遵照贝都因人的习俗，无论主人的身份和地位如何，都得服侍他的客人。宴会上，这十三个男人一边听女歌手唱歌，一边尽情饮用葡萄酒。饮酒的杯数是由主人或威信最高的客人提前确定好的。如今，佩特拉古城峭壁上的石雕画壁便可以证明这一文明昔日的伟大与辉煌。

古希腊文明中心的葡萄酒与音乐

希腊人对葡萄酒的嗜好可谓众所周知，而他们也是名副其实的音乐爱好者。柏拉图在《理想国》中如此号令："锻炼以强身健体，音乐以净化灵魂。"

在里拉琴的伴奏下，人们边唱歌，边摘葡萄。葡萄压榨工人在

阿夫洛斯管或排箫（潘恩的芦笛）吹奏的乡村田园曲中有节奏地劳作。阿夫洛斯管是当时最重要的风管乐器。它并不是笛子，尽管它的外表看起来像笛子。它是一种簧管乐器，利用管口处的一块用灯芯草制成的弹性薄片，直接让吹出来的声音发生颤动。簧片可以是单层的（比如单簧管的簧片），也可以是双层的（就像双簧管或巴松管的簧片）。因为经常成对一起演奏，故而有“阿夫洛斯双生子”之称。在打击乐器方面，有各种大小尺寸的全套铙钹和鼓。

《弥达斯国王的裁决》，在弥达斯国王面前，阿波罗弹奏里拉琴，潘恩吹奏芦笛，画家为小米歇尔·高乃依，亦称米歇尔第二·高乃依（Michel II Corneill，1642—1708）。

里拉琴和阿夫洛斯管分别代表了两种相对立的文明：一种文明是游牧的、田园的，其象征物是用动物材料制成并与阿波罗崇拜联系在一起的里拉琴；另一种文明是定居的、农耕的，其象征物便是与狄俄尼索斯崇拜有关、用芦苇制成的植物性乐器阿夫洛斯管。

希腊人在饮食方面实行节制之道，每餐皆为粗茶淡饭：几颗橄榄、一些蔬菜、乳制品和水果等。他们喝水，喝奶，也喝一点加了香料、掺了盐水的葡萄酒。

不过，在为纪念诸如体育竞赛获胜、朋友归来等重要事情而举办的会饮（字面意义为饮酒者的聚会）上，希腊人习惯喝掺了水的葡萄酒，饮酒量由宴会主人确定。

这种规章严明的庆典仪式同时汇聚了精神和肉体上的欢愉。被准许参加宴会的女人只有女仆、交际花、女乐师和女舞蹈演员。一切违反规矩的行为都会被处以惩罚，比如在众人面前裸舞，或者抱着吹奏阿夫洛斯管的女乐师绕宴会大厅跑好多圈！

普鲁塔克在其《餐桌建言》中将宴会主人比作音乐家："因为，如果说根据水质的不同，存在不同的葡萄酒与水混合的比例，那么人与葡萄酒的融合度也应因人而异。宴会的主持者必须了解、观察，进而掌控这一度。这样，他就能像音乐家一样，运用葡萄酒来拉紧这一位客人的弦，同时放松那一位客人的弦，即降低其活跃程度，从而将这些不同质的性情引向统一与和谐。"

宴会按照一整套严格精准的仪式来进行。酒足饭饱之后，与会者开始为狄俄尼索斯奠酒。他们小口小口地喝纯葡萄酒，再喷洒出几滴，作为上帝精液的象征。葡萄酒被认为能够释放年长者心中那沉睡不醒、但一直存在着的青春。随后，宴会上的人唱起欢快的赞美歌，年长者底气不足，声音显单薄，幸而有年轻人的合唱（一直都是齐声高唱）做后盾。开场仪式结束，人们开始自由地交谈，慢慢地，谈话可能就演变成了唱歌。宾客间相互传递一枝香桃木来决定唱歌的顺序。期间，穿插有乐器（里拉琴或阿夫洛斯管）演奏，来标志这场仪式的不同阶段。参加一场会饮是听专业歌手演唱的良机，有时歌手的水平非常高，比如有全国和地方性大型节庆中举办的歌唱比赛的获奖者。

红彩人物纹盘，内部为圆形画像《躺着的男人和一个吹长笛的女人》，公元前5世纪。

有时，宴会最终演变为一场学者的聚会，诗歌与吟唱被通通取消。在柏拉图的对话录《普罗泰戈拉篇》中，当宴会主人埃里克西马克遣走了一位吹笛子的女孩，柏拉图便遣人对苏格拉底说："倘若饮酒者的聚会上来的都是高贵、文雅、有教养的男士，那么我们就不会看到吹笛子、跳舞、弹里拉琴的女孩，我们只会

许愿弥撒浮雕，表现了一位戏剧诗人正在迎接狄俄尼索斯和他的祭祀游行队伍。

看到这些男人。他们不需要通过音乐舞蹈这些无聊幼稚的方式进行娱乐，他们侃侃而谈，可以自得其乐。遵循严格的顺序，每个人轮流听，轮流说，嗓音在他们之间来回传播，没有停歇，即使是在他们喝了大量酒的时候。”

人们在聚会上轮流唱歌的这一传统在偏远地区以及社会最底层一代一代流传了下来。

“喧闹的家伙”狄俄尼索斯的祭祀队伍

狄俄尼索斯被认为是一个外来神，可能具有印度或美索不达米亚血统。他象征了植物的繁衍，一年四季生生不息。由于他经历了两次出生（第一次生于其母塞墨勒的乳房，第二次生于其父宙斯的大

红彩人物纹短颈双耳尖底瓮，公元前5世纪初，由一位柏林画家所绘，属意大利诺拉城（Nola）的双耳尖底瓮种类。

腿)，狄俄尼索斯也被称为“狄迪朗波斯”，意为“二次诞生”。

作为迷醉与神秘主义狂热之神，狄俄尼索斯只有在喧嚣和喜悦中才能找到乐趣。人们还给他取了个绰号“喧闹的家伙”。祭祀游行队伍里有狄俄尼索斯的疯狂信徒女祭司，还有许多酒神崇拜者，他们身上披羊皮，胸前挂羊角，装扮成半人半羊形象的酒神随从——森林小神萨蒂尔，在阿夫洛斯管、小手鼓和铙钹声中疯癫狂热地跳舞。

诗人安德烈·舍尼埃在其诗作《酒神巴克斯》中如此描写这位神：

> “……悬崖峭壁间回荡着他们的歌声，
> 还有嘶哑的鼓，嘹亮的铙钹，
> 婉转的双簧管，成对的响板，
> 在你喧闹的路上，
> 边跳舞，边挥动它们的，
> 是农牧神傅恩、林神萨蒂尔，
> 还有年轻的森林神西勒诺斯……”

虽比不上阿波罗的里拉琴精致，用芦苇制成的阿夫洛斯管却是狄俄尼索斯的信徒们最钟爱的乐器。实际上，植物性本质的阿夫洛

《赛墨勒》，老邦·布洛涅（Bon Boullogne, L´Aîné, 1649—1717）绘。

斯管与动物性来源的里拉琴是截然对立的。

欧里庇得斯说：“狄俄尼索斯是快乐之神……他以他欢快的舞蹈唤起我们的活力。他用笛子吹奏的乐曲令人激情澎湃，引人开怀大笑，驱逐黑暗的思想。”尼采也将希腊文化描写成在理性、坚毅、审慎的阿波罗与迷醉、疯狂、混乱的狄俄尼索斯之间展开的一场竞赛。

音乐缪斯女神欧特碧和牧神潘恩的形象有时也会出现在狄俄尼索斯的祭祀队伍中。在希腊语中，欧特碧的意思是“懂得取悦于人的人”。这个年轻女子头戴花冠，吹笛子或演奏其他乐器。而相貌丑陋不堪的潘恩——牧羊人之神、牧场和树林之神，则通过突然的显身（由此产生出极大的恐惧）来恫吓凡人。

神话讲，为了逃避潘恩的追求，林泽仙女希兰克丝变身为芦苇。潘恩就把这株芦苇变成了他的芦笛，以此来保存他对心爱姑娘的回忆。每当吹响它，就仿佛林泽仙女获得了重生一样。

→《潘恩追逐希兰克丝》，比利时雕刻家吉尔-兰伯特·高德查尔（1750—1835）雕刻。

疯狂的古希腊酒神节

在整个希腊，尤其是雅典城邦所在的阿提卡半岛地区，为纪念酒神狄俄尼索斯而举办的庆典活动持续一整个冬天（12 月至次年 3 月）。

这些庆典活动创立于庇西特拉图（公元前 600—前 527 年）统治雅典的时期，通过让公民在内心建立起归属于同一个团体的情感，从而达到巩固雅典城邦内聚力的目的，可以说，具有政治和宗教上的双重意义。

庆典活动始于 12 月份，以乡村或称小型的酒神节拉开序幕。

人们感谢酒神赐予了他们好的收成。在一支庆典游行队伍的最前方，是一个装饰有一根葡萄树枝杈的双耳尖底瓮，里面盛满了葡萄酒。队伍中还有人高举着巨大的被神化了的男性生殖器模型——土地肥沃的象征。在歌声中，整个队伍缓缓地行进。喝得醉醺醺的酒鬼们成帮结群地涌到街上，唱啊，跳啊，大声喊着些淫秽放荡的笑话。这些人群便是阿里斯托芬的古代喜剧的源头。

圆筒状大酒杯的侧面浮雕图:《酒神节上纵酒狂欢》。

1 月份举行莱内安奈斯节（葡萄压榨工厂的欢庆会），女人们在狂热的歌舞的催化下，进入到一种忘我神迷的无意识状态。2 月份举行安戴斯忒利斯节，纪念狄俄尼索斯与厄里戈涅悲剧性的爱情。但直到 3 月份，城里举行的酒神节或曰大酒神节才终于将庆典活动的高潮推向了顶峰。人们歌颂酒神战胜了寒冬，歌颂春天的降临。

大酒神节的第一天是献给酒神赞美歌的。在雅典城中心的安哥拉广场上，合唱团在打击乐器和笛子的伴奏中歌唱抒情诗，向狄俄尼索斯表达敬意。

酒神赞美歌的音律不和谐，带有切分节奏，会引起惊讶，有时甚至是惊恐。这与阿波罗所代表的和谐的抒情艺术正相反。另外，笛子吹奏者（包括阿夫洛斯管吹奏者）更多地被视为街头卖艺人，而非音乐家。因为在吹奏乐器时，嘴巴会扭曲变形，这是与古希腊的审美观相抵触的。最初借着火把的微光在深夜里集体高唱酒神赞美歌导致了心醉神迷和歇斯底里现象的发生。

第二天举行诗歌与音乐竞赛：悲剧、喜剧和酒神赞歌的作家相互较量，一决高下。这些竞赛作品正是古希腊悲剧的源头。

接下来的三天全部用来举行戏剧演出，有悲剧，有喜剧（也就是乡下祭酒神游行队伍所表演的滑稽可笑、狂欢式的歌舞）。喜剧实际上可能就来源于醉醺醺的农民所组成的祭祀游行队伍，而对话的文本则是后来才形成的。

庆典活动行将结束的时候，一支庆祝凯旋的游行队伍紧跟在坐有狄俄尼索斯模型的马车后面，排成纵队缓慢行进。马车两旁的随行人员有酒神的同伴兼导师——林神西勒诺斯（外貌如同萨蒂尔），有吹喇叭的，还有高举男性生殖器模型的酒神崇拜者。酒醉的状态自然是被允许的，甚至是被鼓励的，因为狄俄尼索斯庆典仪式的特性就在于，经由音乐和舞蹈所引发的心醉神迷、浑然忘我的状态，从而达到“出离自我”的境界。

酒神崇拜在本质上是源自乡野的，却也在城市里流行起来。实际上，庆典活动并不按四季举行，因而与葡萄种植时节也并不相符。于是，这些活动就慢慢演变为对愉快生活的一种庆祝，对神灵永恒回归的一种祈愿仪式。

罗马人想要沿着希腊人开辟的道路走下去，但是很快，这些纪念酒神的祭祀游行所包含的深层意义就在女祭司们污秽不堪、狂欢无度的歌舞声色中消失殆尽。

罗马人的社交宴席被认为延续了希腊人会饮的传统，起初还穿插有唱诗、朗诵以及哲学讨论，但很快，它发展得就有些过了头。在始终相伴的笛声中，男人们彻底沉溺于饕餮盛宴与极度的酒醉迷离之中。佩特罗尼乌斯的讽刺小说《萨蒂利孔》中便有一个很好的例子：特里马西翁喝得酩酊烂醉，神志不清，露出一副惹人厌恶的下流丑态。当他还让人把号手们领进三边斜卧式餐厅，要他们再表演一场音乐会时，事情就变得恶心至极了。他靠在一堆枕头上，平躺在床榻边，四肢伸展着对号手们说：“来，别管我，就好像我已经死了，给我吹点好听的东西。”

喜剧演出以一大段宗教续唱——最后的“颂歌”作结，节日的欢快情绪在这一刻再次爆发出来，人们边喝葡萄酒，边庆祝整个祭祀活动圆满结束。对此，普劳图斯在其喜剧《斯提库斯》中做了详细的描述：在众人的极力鼓动和劝说下，在整个颂歌仪式中表演的乐师也开始碰杯饮酒，然后又重新演奏。

还需要说到的是，在罗马世界存有一个服务于狄俄尼索斯祭祀庆典的艺术家主教议会，这是一个在整个罗马帝国都享有盛誉的团体。它聚集了希腊音乐家中的精英人物，并在罗马拥有自己的主教府。

而纪念罗马酒神巴克斯的节日——“巴克斯酒神节”则在夜里举行，伴着诱人的音乐，人们痛饮葡萄酒，兴奋异常。在这样一种疯癫狂热的氛围里，巴克斯酒神节遂变质为纵酒作乐的聚会，充斥着荒淫放荡的场景。人们毫不犹豫地就将祭祀牲畜活生生地撕成碎块，而动物们惨烈的叫声则被掩盖在喧嚣震天的敲钹打鼓的响声里。此种骇人行径愈演愈烈，以至于在公元前186年，罗马执政当局以扰乱公共秩序为由禁止举办巴克斯酒神节庆典活动。

名为“坎帕纳（Campana）板”的装饰板，青年男女祭司组成的游行队伍在敬奉狄俄尼索斯，新阿提卡主义作品，雕刻于罗马共和国末期，罗马帝国初期。

高卢人的宴会

高卢人举办的聚会，自始至终都有音乐相伴，而音乐在当时是一种稀罕的民间艺术。高卢人希冀通过这种方式使得他们自身的野蛮风俗趋于柔和。当时，只有凯尔特族歌颂英雄业绩的吟游诗人（le barde）才知晓演奏乐器（里拉琴、卡尼克斯号、风管类乐器等）。

宴会陪伴了社交生活的所有重要时刻，比如在政治集会和司法审判等事件之后，都要举办宴会。宾客们坐在稻草堆或树枝堆上，围成一个圈，欣赏演奏家、歌手、诗人等的表演。

酒醉迷离的状态从来都是人们迫切追求的。因为当身体不受自我控制的时候，人会认为他的灵魂离开了他的躯壳，自此就能够与神界和逝者沟通。于是，纯葡萄酒便占据了绝对的优势，成为盛大集体宴会中的首选饮品，致使其他的当地饮品都遭到罢黜。

宗教修会，尤其是本笃会和熙笃会的修士们，为葡萄栽培的重生以及西方音乐的创立作出了极大的贡献。让我们潜入基督教崇拜盛行的最初几个世纪的修道院中心去一探究竟。

由于蛮族入侵，葡萄园无人耕种而遭废弃，但这并没有抹去葡萄酒在基督教教士眼中的象征意义和声望，这种声望甚至可以追溯到基督教诞生很早以前的异教宗教仪式。这就是为什么早期的主教后来都成了葡萄种植者，为保护和开辟葡萄园而辛勤劳作。

实际上，葡萄酒对他们来说是必需的东西，因为他们要为信徒分发圣餐（一直到公元 13 世纪，圣餐都是被赠骤予所有人的，许多基督教信徒每天都领圣体圣事），还要把葡萄酒赠予朝圣者、旅行者、病人，等等。而当主教接待王子、国王或皇帝这样身份显赫的客人时，主教也必须备有上好的葡萄酒。

此外，从经济角度来讲，葡萄酒也是非常有利可图的。自公元 7 世纪起，主教就已经成为了各大中古城邦的葡萄酒商。

为了更好更顺利地耕种葡萄园，主教请来议事司铎帮助自己。议事司铎被安排住在主教府（其庭院回廊紧挨着教堂）。议事司铎拥有一些葡萄园的完全产权，这是那些渴望博得永恒之父（即上帝）

圣·马丁的祭坛后部所置的装饰屏,《圣·马丁的一生》,大师里奥·弗里奥绘,公元16世纪。

赐福的信徒遗赠或馈赠给他们的。

所有这些土地都得到了修道院僧侣们的充分开发。所以,僧侣对葡萄栽种的贡献是巨大的。口头流传的教义还将首位葡萄种植者的称号授予了图尔的圣·马丁。马丁在公元4世纪时创立了高卢地区第一座僧侣修院,而且可能正是多亏了修院里馋嘴的蠢毛驴,人们才知道了为葡萄树剪枝的好处。由这个故事还产生了“圣·马丁的病”这一说法,意思是“喝得太多了”。由于僧侣从来都享有十足大酒鬼的名声,于是才有了如下这幅夸张的画面,出自拉伯雷的笔端,而后经由流行歌曲四处传播开来:

“能喝一点酒,像个嘉布遣会修士,
喝酒非常多,像个本笃会修士,
一杯接一杯喝,像个多明我会修士,
把酒窖喝光,则像个方济各会修士!”

最初的本笃会修士还不能用这样夸张讽刺的漫画来描绘。公元529年,圣本努瓦·德·诺斯在卡西诺山的要塞古堡(位于罗马和那不勒斯之间)创立了本笃会。创立之初,本笃会便强调农业,并规定将饮用葡萄酒纳入隐修生活的内容之中:不喝酒,是一件好事……可要做的农活那么多,怎么能忍得住不喝酒啊!

为满足教堂对葡萄酒的大量需求,本笃会修士在对一地的风土进行考察,证实其适合葡萄生长之后,就马上决定建造一座修道院。也许正是这个原因,本笃会发展葡萄种植的地方都是如今的一些著名葡萄产区:勃艮第、安茹、图海纳、波尔多……而且,法国本笃会修院的分布地图像极了葡萄种植园的分布地图：勃艮第地区的克卢尼、波尔多地区的圣－艾米莉翁、安茹地区的圣－尼古拉－德—布尔格伊、阿维尼翁新城地区的圣·安德烈、香槟地区的奥维耶……

香槟酒尤其要归功于僧侣：佩里尼翁修士、鲁纳尔修士、欧达特修士，还有很多其他僧侣都为改善香槟酒的品质而贡献过力量。

在德国，众多作曲家珍爱的以丽思玲（Riesling）为代表的约翰尼斯堡葡萄酒，正是莱茵高地区的本笃会修士们从公元12世纪起潜心酿造出来的。理查德·瓦格纳喜欢去那里休憩的弗兰克尼葡萄园，也是从公元7世纪起由本笃会修士开垦种植而成的。

建于公元10世纪的克卢尼修道院很具有代表性。它坐落于玛高奈产区的中心地带，通过修女们的努力，成为了中古时代勃艮第大区最大的葡萄园所有者：夜丘、热弗雷、沃斯纳·罗曼尼、阿瓦隆……

克卢尼修道院初期的神甫奥东是个有天赋的音乐家，他遵照格里高利圣咏的创作规则谱写颂歌，以此颂扬宗教典礼仪式的崇高。这个修道院在法国大革命期间遭到毁坏，从抢救出来的遗迹中我们可以看到，教堂祭坛上面残存的最后两根柱头上所雕饰的图案主题便是礼拜仪式音乐。一些乐器演奏者（弹拨鲁特诗琴的年轻男子、手持铙钹跳舞的女孩儿、古三角竖琴的演奏者……）呈现了素歌（中世纪罗马天主教会的祈祷歌曲。——译者注）的八个音度。这些乐器现今被保存在修道院的博物馆里。

在本笃会之后发展起来的修会深深地改变了僧侣生活的教规，但它们依旧保留了种植葡萄的传统。

熙笃会会规严格，修士们献身于一种理想，过着孤独、清贫、禁欲的生活，但他们仍不失为出色的葡萄种植者，甚至比本笃会修士还要出色。在他们的努力下，葡萄栽培技术与葡萄酒酿造工艺都

东哥特王国国王托提拉，在卡西诺山拜见圣·本努瓦。

得到了发展。他们还建造出音响效果细腻的修道院，使素歌表现得更为清晰与恢弘。

熙笃会修道院最初坐落于索恩河平原上的沼泽地与岩蔷薇丛

之中，它与勃艮第那些最著名的葡萄园有着密切的关系。例如，位于黄金海岸的伏旧园便是在公元 12 世纪初经修道院开垦而得来的。僧侣们在那里研究风土与葡萄酒之间的关系，依据地形、植被、土壤……来辨别不同的气候。他们还建造了一座能容纳下 2000 瓶葡萄酒的巨大储藏室（长 27 米，宽 16 米，高 5 米）。一句源自熙笃会的勃艮第谚语甚至还如此断言："谁喝好酒，谁便得见上帝。"

除了克卢尼修道院，有许多熙笃会修道院也成就了葡萄园的美名：香槟区的克莱尔沃修道院、西南部的穆瓦萨克修道院和朱朗松修道院、阿尔代什省的白雪圣母院、瓦尔省圣·奥诺拉岛上的莱林斯修道院、朗格多克大产区的丰弗鲁瓦德和瓦勒玛涅修道院……不过，随着时间的推移，熙笃会修士曾经恪守的清规戒律似乎也渐渐地弱化了。这一点，让·安特姆·布里亚·萨瓦兰记述的一篇故事可以证明。故事发生于 1816 年，在布里亚·萨瓦兰的家乡勒布热，他和他的业余乐队溜达着走进了一座熙笃会隐修院。为了庆祝圣师伯尔纳铎的纪念日，僧侣们早就准备好了一块"像教堂一样大的"五香肉糜饼、好多巨型火腿、烤小牛肉、成堆成堆的洋蓟……当然，在修道院食堂的尽头，还有一口大水槽，里面盛满了上百瓶葡萄酒！

另外，查尔特勒修会的修士们、圣殿骑士团以及耶路撒冷圣若望医院骑士团也将教会与葡萄酒之间这种紧密的联系延续了下去，他们庇护了许多葡萄园，以自身的威名提高葡萄园的身价，尤其是在法国南部，重点在罗纳河谷地区。

修道院素歌的诞生

圣·本努瓦制定的教规宣扬遁世、贫修、顺从、贞洁……但也支持礼拜仪式中唱颂歌，以此为修道院的生活划出节奏。

僧侣每天都要在固定时间做日课：天亮之前做晨祈，拂晓时分做朝赞经，6 点做早课，9 点做第三课，正午做第六课，15 点做第九课，18 点做晚课，睡前做晚祷。这些课经彼此之间联系紧密，以 150 首赞美诗（即取自《圣经》的宗教诗篇）为共同的基础，每周都要完整地轮唱一遍。不过，这一仪式受到明谷圣伯尔纳铎（明谷修道院院长，被教会尊为圣师。——译者注）的批评，他指责本笃会修士做起日课来没完没了，于是就会口干舌燥地要喝大量的酒！

在基督教崇拜盛行的最初几个世纪里，素歌（或称格里高利圣咏）一直是一个简单传播圣书经文的好方法。它仅有单一的旋律线，而没有任何伴奏。

通过对这一圣咏加以完善，修道院对音乐的发展也作出了突出的贡献。其实，这一圣咏并非像我们可能认为的那样，是公元 590 年至 604 年在位的教皇格里高利的作品。格里高利大教皇只是对礼拜仪式的日程安排做出了规定，对祈祷的方法进行了规范。格里高利圣咏实际上是由古罗马教廷圣咏与高卢圣咏混合而成的。它包含三种音乐形式：诗篇歌调（祈祷、诵经、转调唱赞美诗）、交替圣歌（自由曲调）、赞美诗（配乐而唱的新诗篇）。

随着时间的推移，晨祈与晚课在音乐方面变得越发复杂，在吟唱一些诗篇的过程中穿插有诵经以及紧随其后的应答圣歌。最终，这些歌调变得非常难，在俗信徒根本无法演唱，只能由修道院、大教堂以及主教团小教堂里经验丰富的唱诗班来演唱。

除这一“神圣日课”外，还有弥撒。弥撒的整个过程也是阶段分明的，由不同声部组成。各声部或由唱诗班演唱，或由全体弥撒参与者演唱，当然还有举行圣体圣事庆典过程中的弥撒合唱。弥撒仪式的隆重性会根据节日庆典举行的地点以及当时的情况而有所变化。所以，像圣诞节、复活节或者圣灵降临节弥撒仪式上的圣歌都

《圣母玛利亚的加冕仪式》，弗拉·安吉利科，即圭多·迪·彼得洛（闻名于1417—1455年间）绘。

是特别制作的。而常规弥撒中固定不变的经文是古典音乐爱好者非常熟悉的，因为许多作曲家都在他们自己的“弥撒曲”中使用过这些经文。

格里高利圣咏可谓西方音乐艺术之滥觞。然而，如果没有一整套复杂的记音符号（音高、节奏等），它就不可能发展成为复调音乐这样结构复杂的艺术形式（多个曲调的叠置）。

公元11世纪的一个名叫圭多·达莱佐的意大利本笃会修士便是四线记谱表和音名的创造者。他想到了将符号（纽姆符）放到几条平行的线上。有时，这些线被涂上颜色（do音涂黄色或绿色，fa音涂红色）。他命名六个音的灵感来源于一首《圣若望赞歌》，这首圣歌每一句开始的音都比前一句开始的音高出一个音级。于是，我们不必唱整首歌，只需要唱出每一行的第一个音节，就得到了同时也命名了音阶上的音符（si音是16世纪时才被发明出来的）：

《圣格里高利做弥撒》，15 世纪油画。

UT queant laxis

REsonare fibris

MIra gestorum

FAmuli tuorum

SOLve polluti

LAbii reaum, Sancte Iohannes

（为了能让你赐予的恩典所焕发出来的奇迹在放松的心灵中产生回响，消除你那不纯洁的仆人身上的罪过吧，哦，圣若望）

13 世纪末，复调乐曲的使用范围从教堂弥撒圣典扩展到常规弥撒，这使得信徒们不再可能参与圣歌的演唱。于是，百姓中间就发展并流传起来一种相比而言较为粗制的音乐，比如在中世纪末期的节庆活动中非常受欢迎的《心灵的赞歌》。

《宫参》，詹蒂莱·达·法布里亚诺（约1370—1427年）绘。

远古时代宗教仪式中的葡萄酒与音乐

关于耶路撒冷圣殿骑士团的历史，除了《旧约》正典之外，还有留存下来的一些书写文字可以为证。这些资料能让我们更好地了解文化的传统。

例如，次经《教义》（约公元前200年）中有一段对犹太教赎罪日仪式的生动描写，我们可以看到在这一宗教仪式中葡萄酒与音乐是联系在一起的。"有人将祝圣仪式中的供品葡萄酒交给祭司长，祭司长站在祭坛的一角，手拿一块餐巾（即圣爵布。——译者注），圣餐台旁边站着两个神甫，一人手里拿着一支银色小号。他们先吹响一声长音，再吹一声短音，接着又一声长音。随后，他们来到本·阿兹拉身旁站好，一个在右，一个在左。当本·阿兹拉鞠躬向圣坛敬礼时，祭司长挥动餐巾，而后，本·阿兹拉敲起铙钹，利未人* 唱起圣歌。一段圣歌结束时，神甫们再次吹响一声长长的号音，众人在祭坛前行匍匐礼……每日举行的祭献神诋仪式就是这样进行的……利未人就是这样在圣殿里演唱圣歌。"

资料还明确指出，唱诗班由至少12名唱诗者和几个男孩组成，男孩的作用是为了"增添几缕柔嫩之音"。此外，使用的乐器中至少包括9把里拉琴和基萨拉琴，2到12支单芦管，以及若干对铙钹。

* 利未人是利未部落成员，献身于圣殿，协助祭司管理宗教事务。

从中世纪的宴会到1789年大革命以前的皇室节庆活动，葡萄酒与音乐一直在为权贵们的生活以及风靡的节日添彩助兴。

11世纪末，人们在教会的达官贵人和大庄园主举办的节庆宴会上尽情吃喝。而一些手抄本的细密画以及在俗信徒使用的时祷书提供的信息也向我们表明，这些盛宴上经常有音乐助兴。

宴会可以用来庆祝许多事件：达成和平协定、缔结新联盟、洗礼、婚礼、授爵仪式等等。因此，宴会同时扮演了政治和社会角色。与弥撒仪式类似，宴会也需要音乐的陪伴，需要一些准备仪式。这完全是一场演出，既是世俗的，也是宗教的，兼具表象与象征的双重意义。

当时，人们参加节庆盛宴开怀畅饮、大快朵颐的时间，每年可以达到150天！

细长条桌放在露天舞台上，被摆成圆弧形状，这样的安排能够便于宾客参与到由歌手、乐师、舞者等表演的节目当中去。

来自社会各个阶层的法国南方行吟诗人，深受格里高利音乐的熏染，他们走街串巷，从一个城市到另一个城市，从一座城堡到另一座城堡，用歌声愉悦百姓大众。他们自己编词谱曲，常常是一些

1432 年，在位于埃斯丹城堡花园里的宫廷爱之园，勃艮第公爵菲利普三世（好人）为他的内侍骑士安德烈·德·都龙戎举办的婚庆活动，16 世纪的复制品。

爱情歌，用鲁特诗琴、竖琴或者齐特拉琴做伴奏。

当时的餐桌上既没有玻璃杯也没有平底大口杯，摆放的是用贵重金属制成的有盖高脚杯，个头很大，在宾客们手中不停地传递。膳食总管先把酒壶、冰水槽、砂锅和水壶在备餐台上摆放好，然后司酒官从这些容器里取酒倒满高脚杯。传递一杯酒需要遵循一种非常精确的礼仪：应该满怀感激地从邻座手中接过酒杯，双手持杯，把酒喝光并擦干嘴，不要用大拇指弄脏酒杯……另外，也不许跟正在喝酒的人讲话。玻璃杯和供单个人使用的平底大口杯直到 14 世纪末才出现。

每位宾客差不多要喝两升葡萄酒，不过主要是在宴席开始和结束的时候喝，也就是向宴会主人集体致敬（祝酒）的仪式过程中。而在宴席期间，由于辛辣味和咸味较重的菜肴容易让人口渴，所以人们更喜欢喝水。

可以说，饮酒一直从属于一种宗教象征体系，这一体系力求显示出宗教的威势。而教会也心甘情愿地对餐桌上这些过度纵酒的行为采取视而不见的态度，这是因为宴席上的残羹剩菜——即使被送给了仆佣们一些——相当丰盛，是可以分发（在教会的监督下）给病人和穷人的。

1454 年在里尔，菲利普三世在勃艮第公爵宫廷的朝臣中间举办了一场“雉鸡盛宴”，目的是筹集新一次十字军东征所需的资金。这场宴会给人留下了强烈而深刻的印象。奥利弗·德·拉马尔什在他的诗中提到，宴会大厅里堆满了饕餮美食，放眼望去，仿佛一块庞大的“裹着硬壳的肉馅”，有28个人演奏着各种乐器，有很多装葡萄酒的木桶，有一个12岁的男孩骑在一头公鹿上唱着吉尔·班舒瓦的《最高声部》：“我决不过这样的生活”，还有动物发出男高音似的高亢的吼声……

当时有许多法兰克—弗拉芒音乐家（在15和16世纪，弗拉芒和勃艮第两大地区共同组建为一个国家）为勃艮第公爵宫廷效力，像吉尔·班舒瓦、卢瓦塞·孔佩尔、纪尧姆·迪费。他们都以享乐主义者的方式生活，这一点从他们众多题献给葡萄园和葡萄酒的歌曲

《贝利公爵的豪华时祷书——九月》，林堡兄弟绘。

中便可得到证明。保存在布鲁日（勃艮第公爵的另一块领地）的多种资料甚至还证实，他们有时竟会接受以葡萄酒作为报酬！

如果说粗劣的红葡萄酒是留给平民百姓喝的，那么贵族、有产者以及大修道院的神甫们则习惯于饮用白葡萄酒或优质的淡红葡萄酒。他们同样也爱好产自南欧——希腊马尔瓦齐、马德拉群岛的甜葡萄酒和甜烧酒，还有添加了植物香料、洒了苦艾酒或辛香佐料的葡萄酒。

奥利弗·德·拉马尔什还叙述了1468年为庆祝大胆的查理和约克的玛格丽特的婚礼而举办的那场盛宴。现场军号喇叭齐鸣，在几头大象面前，仆人们用绳子拽着一整头鲸鱼往前走。他提到，还有美人鱼的迷人歌声召唤着海中的骑士。在小手鼓的伴奏声中，从这头鲸鱼的庞大身躯里突然涌出将近40个人！

另一个宴会的例子是在1343年期间，红衣主教阿尼巴勒·德·赛卡诺为向教皇克雷芒六世（Clément VI）表达敬意而在阿维尼翁举办的盛大宴会。在一个水池的中央安置了一座塔和一根圆柱，源自各地的葡萄酒从中喷射出来，有普罗旺斯、拉罗谢尔、博纳、圣－布桑，和莱茵河的酒。在宴会大厅里还举行了一场骑士比武竞赛。之后，一场音乐会宣告了庆祝活动的结束。厨师长在三十几个助手的陪伴下跳起舞来。而当教皇返回他的府邸时，仆人便为他奉上葡萄酒和香料。

卡特琳娜·德·美第奇将宴会变成一场演出

得益于印刷术的出现和书籍的发行，人们终于可以将餐桌礼仪和烹饪方法规定并记录下来，便于大家遵守与执行。第一本食谱是

《亚历山大征战功绩录》。

《卢浮宫里举办的舞会》，有亨利三世和王太后卡特琳娜·德·美第奇出席，为庆祝若约瑟公爵安纳和玛格丽特·德·洛林-沃德蒙（露易丝王后的妹妹）的婚礼，1581年9月24日。

御厨塔耶冯所著的《食谱全集》，著成时间可追溯至15世纪末。

16世纪时，供单人使用的一副餐具普及开来，包括刀、勺、叉和盘。在饮食方面，人们开始更多地考虑自己的健康，而不是单凭自己的喜好。节庆宴会也不再是一个凝聚社会各阶层的空间，而是一个仅限于少数人参加、为其他人呈现欢庆活动演出的场合。

1513年，罗马城为美第奇家族敬献了一场盛宴。这场宴会从菜肴的类型上来看，完全体现了中世纪的风格，可以说是中世纪时代结束之前颇具代表性的一次宴会。而从它为民众呈现了演出这一角度来看，这次宴会则标志了一个转折点。

在法国，卡特琳娜·德·美第奇是这一演变的倡导者之一，1565年6月24日她在枫丹白露城堡的一个花园里举办的节庆宴会可以为证。人们纷纷齐聚法兰西岛，现场观看芭蕾舞表演。成群结队的牧羊女倌炫耀地展示着自己身穿的代表法国各个不同省份特色的服装。宴会在一座亭子里举行，最后以一场芭蕾舞剧结束。扮演林泽仙女的演员们从一块岩石上缓缓走下，身旁簇拥着一众乐器演奏者和林神萨蒂尔们。

这一场面是玛格丽特·德·瓦卢瓦（即玛歌王后。——译者注）在她的童年回忆录中讲述的。就这样，宴会变成了巴洛克式的节日，力图颂扬当政的政权，而同时，戏剧表演在宴会上的分量越来越重，动摇了食物和饮品素来享有的宴会主角的地位。尽管如此，葡萄酒与音乐依然是这些新兴的节庆活动中必不可少的恒常元素。

《国王实施独裁统治》，样本，凡尔赛宫镜廊穹顶的伟大壁画作品之一，夏尔·勒·布朗（1619—1690）绘。

自此以后，人们更在意前期准备的精致细腻以及中世纪菜肴的丰盛与珍贵：宾客成为了美食家。在音乐方面，17世纪被刻上了文艺复兴的烙印，不同声部的叠置（即复调音乐）呈现出巴洛克风格；而通奏低音，作为和谐而有韵律的作曲手段，它的出现则构成了巴洛克时期音乐最显著的特征。

这类音乐巧妙精美，由巴赫或韩德尔这样的音乐家谱写而成，要求音乐家精通乐理知识。这就是为什么在田野乡村发展起来的是另一种音乐，更加地平民大众化，被用于迎神队伍、乡土节日、丧葬嫁娶等仪式活动。当地人或云游四方的音乐家使用一些乡村乐器（风笛、小号角、双簧管、布列塔尼风笛、古提琴、布列塔尼双簧管、颚竖琴……）来演奏这种乡村音乐，在音乐的激发下，人们纷纷跳起各种民间舞蹈，布雷舞、里高东舞、布朗莱舞……

狂欢从圣诞节之后一直持续到国王节这一天，在这期间，人们还演奏德国“低音罐鼓”（一种靠摩擦发声的鼓。——译者注）、拨浪鼓或木质小风车等乐器，来驱走寒冬，召唤新年。

皇室用餐礼仪

路易十四统治时期的盛大节庆宴会颂扬了空前强大的皇权和绝对君主专制制度，1664 年 5 月举行的“迷人岛欢乐会”便足以证明这一点。在整整三天里，在 600 名宾客面前，凡尔赛宫完全变成了一座被女巫阿尔辛娜（Alcina）施了魔法的小岛。

布景富丽堂皇，服装令人惊叹，其中包括仆人们穿着的代表各个不同季节的服装。比如，搬运冰激凌的仆人们身上裹着裘皮大衣，采用的也是冬天里走路的步伐。夜幕降临，一场盛大的晚宴开始了，菜肴精致，葡萄酒可口，还有音乐会营造出高雅宜人的氛围。

路易十四的时代极度热衷于借所有的机会来举办节庆宴会。在这种情况下，绝对君主专制遂成为一幕幻景，具有一种炫目的魔力。政治不容置疑，只顾自我欣赏。

于是，国王的用餐变成了一种宗教仪式，一种礼仪，葡萄酒与音乐在其中拥有它们的位置。与他那贪得无厌的权力欲相比，国王也表现出暴食的倾向，不过他喝酒非常少。他每餐伴以两到三杯香槟，因为香槟是“葡萄酒之王”，所以在宫廷里深得厚爱。哲学家米歇尔·翁弗雷在《美食的理性》中这样阐释，香槟是一种“巴洛克式的产品”。它是起泡的，而“气泡是巴洛克时代以及在面对万物生灵渐趋消失的强烈情感表达中享有特殊地位的隐喻之一”。从 1694

年起，路易十四王遵照御医法贡的嘱咐，开始喜欢上掺水的勃艮第葡萄酒。

从最初为古代哲学和基督教的创立提供空间，到之后成为中世纪各阶层之间分享与融合的空间，餐桌最终变成了一个权力与统治场所。后来，它又发展成为共和国宴会。不管在何种情况下，葡萄酒与音乐始终伴随着这些转变。

维瓦尔第时代的威尼斯城中巴洛克风格的音乐和节庆宴会

《威尼斯圣马可广场风景画》，由安东尼奥·卡纳列托（1697—1768）画派所作。

安东尼奥·维瓦尔第，1678年生于威尼斯。他的父亲是圣马可大教堂的小提琴手。“红发神甫”维瓦尔第实际上从未真正履行过神

肃的职责。不过，作为小提琴教师，他曾在仁慈圣母院属下的孤儿院里教贫寒女童拉小提琴。这些小女孩躲藏在栅栏后面为教堂里的尊贵客人们演奏。在当时，维瓦尔第的器乐和声乐皆风靡于世，因为他的音乐反映的正是17世纪初在威尼斯盛行的精神风貌。这是威尼斯歌剧的巅峰时期，音乐和娱乐活动取得了辉煌的成就。

“人们在广场上、马路上、水渠上唱歌，商贩们在卖东西时唱歌，工人们在下班时唱歌，贡多拉船夫在等待他们的老板时唱歌。”卡尔洛·哥尔多尼在他的《回忆录》里曾这样描述。

民间节庆和娱乐活动有许多，以持续时间长达六个多月的狂欢节为首。节庆活动的目的既是敬奉上帝，同时也是通过唤起人们对共和国创立时期的大事件以及共和国历史中光辉功绩的回忆，来保持城市的团结与统一。

共和国的节庆宴会成为在王宫、尤其在大使馆里纵情狂欢的好借口和机会。水池里盛满葡萄酒，百姓们可以开怀畅饮，还有人抛掷面包来款待民众。晚上，小夜曲在王宫里营造出分外独特而生机勃勃的热闹景象，数百位宾客，头戴面具，纷纷涌向那些摆满了食物和冷饮的餐台。

在总督选举期间，有人向百姓们扔面包和钱，还有人随意地赠送葡萄酒。剧场里，来自社会各阶层的观众汇聚一堂，彼此间无拘无束，谈笑风生，其乐融融，节日的气氛异常浓厚。剧场里还供应甜点、冷饮和葡萄酒，因为演出期间很热。

王宫、大使馆、科学院以及其他的私人圈子举办大量的文学和音乐活动。让－雅克·卢梭在法国大使馆逗留期间，曾惊叹于从事音乐是如此廉价：“我租了一把羽管键琴，然后只花了一小枚埃居，就请到了四五个交响乐师，他们每周一次来我家，陪我练习弹奏我最喜欢的歌剧选段。”

在他们的宫殿之外，那些有名望的大家族始终保持着相当审

《在威尼斯总督府的巨人梯上举行的威尼斯总督加冕仪式》，弗朗西斯科·瓜尔迪（1712—1793）绘。

慎、朴素、有节制的形象，而实际上，他们在家中的生活是极尽奢华的，让人联想起欧洲的皇室贵族。用餐期间，上菜是通过短笛声来宣布的。晚餐后，歌手被请进来，在羽管键琴、短双颈鲁特琴、小提琴或者大提琴的伴奏下，演唱几段歌剧。

作为共和国的首府，威尼斯是许多个欧洲国家大使馆和常驻官邸的所在地。当蓬波纳修道院神甫，亨利－夏尔·阿尔诺在 1705 年被任命为法国驻威尼斯大使的时候，威尼斯总督以盛大奢华的排场为他举办了欢迎仪式，并赠予他 16 盆各种口味的果酱和 24 瓶红、白葡萄酒。整整两天，大使馆对游客开放，并赠予参观者佳肴和美酒。在室外，使馆还向民众分发 4000 斤面包和 6 大桶葡萄酒。在灯火通明的街道上，12 支小号、12 支双簧管和 12 面鼓在不停地演奏。

法国大使馆会借任何一个事件来举办大型音乐晚会，并配以最精美的菜肴和最优质的葡萄酒。例如圣路易节、路易十四的皇孙诞生等等。每一次，大使阁下都会向凡尔赛宫尽心地汇报节日宴会、宴会上演奏的音乐、盛满葡萄酒的水池、焰火礼花，以及为当地民众呈现的灯饰照明是何等的恢弘奢华，是何等的无与伦比。不管是哪国大使馆，节日宴会都伴以相同的欢庆活动：给穷人发钱和面包，焰火照亮潟湖和沟渠，广场上盛满葡萄酒的喷水池数小时不间断地流淌。

直到18世纪30年代末期，维瓦尔第一直都和这个充满了欢庆与喜悦的世界保持着默契与一致，施展着他身为作曲家和演奏家的天赋才华。但在这之后，他的创作过时了，不再受追捧。他远走他乡，迁往维也纳。1741年7月28日，在困顿与被遗忘中，维瓦尔第凄凉地离开了人世。

马丁·路德——葡萄酒爱好者，技艺纯熟的音乐家

“谁不爱葡萄酒、不爱女人、不爱唱歌，谁将终生是个傻瓜。”

“新教改革之父”马丁·路德是一位技艺纯熟的音乐家，也是一名葡萄酒爱好者。

作为奥古斯丁修会修士，他接受过歌唱和弹奏鲁特诗琴的培训，所以他很了解传统的格里高利圣咏，懂得如何以复调音乐的形式作曲。怀揣着“将音乐还予人民，让所有信徒一齐歌唱”的理想，他用德语创作了许多赞美诗，他的歌词简单通俗，旋律朗朗上口。他拒绝使用管风琴（与教皇太近的乐器），而是很看重一些风管乐器、打击乐器，尤其是一些奇特的弦乐器。

他也是个热爱生活、懂得享受人生乐趣的人。他爱好葡萄酒，

《路德在瓦特堡布道》，雨果·沃格尔（1855—1934）绘。

尽管葡萄酒有“异国”血统。他关于餐桌的谈话深具拉伯雷式的幽默，意蕴隽永，耐人寻味。因为对于他来说，在遁世之外，构成尘世生活的首先是尘世的快乐。

路德喝威登堡的啤酒，也喝莱茵河的葡萄酒。1530 年，在一封致儿子的家庭教师热罗姆·维勒的信中，路德写道：“有些时候，我们必须要再多喝一杯，然后慷慨陈词，一番唇枪舌剑，然后尽情玩耍，好不欢乐。简言之，出于对魔鬼的仇恨与蔑视，就是要犯下一些罪过，而不让他有任何借口来要求我们为微不足道的蠢事而在心灵和道德上做自我谴责……所以，如果魔鬼来对我说：‘不许喝！’那就立刻回答他：‘确切地说，我一定要喝，就因为你禁止我喝，甚至我还要喝好大一杯！’撒旦禁止什么，我们就必须要做什么！”他又补充道：“我越来越多地喝纯葡萄酒，说出一些越来越不克制的话，越来越经常地烹调美味的晚餐，你认为我做这些，是有什么别的原因吗？我就是为了嘲笑魔鬼，为了激怒他，因为就在不久前，这个家伙曾激怒并嘲笑过我！”

路德时不时地会收到一桶淡红葡萄酒，在节庆的日子里，他便将啤酒丢弃在一旁，好好地喝上一大品脱葡萄酒。

露天跳舞小酒馆、音乐会咖啡馆、酒神歌舞团……它们是战后18世纪法国社会的休闲之地。也正是在一家音乐会咖啡馆里，诞生了Sacem（作词家、作曲家、音乐出版商协会）。

约17世纪中叶，露天跳舞小酒馆开始出现在巴黎城边上，在各城门设置的入市征税站的关卡外围。政府当局曾大幅度地提高入市税的金额，以资助因投石党暴乱而变得困顿不堪的巴黎城财政。

La guigue（或gigue）在中世纪指的是一种形似小提琴的弦乐器，在乡村，通常以它的旋律来活跃节日气氛。后来，人们给一种可以激发人跳舞的略带酸味的葡萄酒取名为le guinguet。于是，la guinguette自然就成为了人们喝酒和跳舞的场所——露天跳舞小酒馆。

小酒馆里供应的葡萄酒来自法兰西岛的葡萄园，品质常常是不太好的，可是价格要比巴黎城的便宜二十倍。在小风笛、小提琴或手摇弦琴营造的音乐氛围中，人们一边享用美味的葡萄酒烩鱼肉或葡萄酒烩兔肉，一边有滋有味地品这些劣质葡萄酒。

18世纪50年代初，巴黎人喜欢沿着植被葱郁的城墙根儿散步，或是在枝繁叶茂的林荫道上走走逛逛。比如宽阔的圣殿大道

《喜剧大杂烩剧院和圣马丁大道》，老朱塞佩·卡奈拉（1788—1847）绘。

上总是人来人往、川流不息，因为这里通向拉古尔蒂耶郊区的露天小酒馆。

其中的一个小酒馆——老板名叫让·朗伯诺，它被画在许多插图上，编进许多歌曲里，由此流芳百世，成为不朽。它始建于1752年，位于巴黎美丽城的拉古尔蒂耶区，它的招牌上写着“皇家小门厅”。这里供应的葡萄酒都是好品质的，产自巴黎市郊的阿尔让特耶或阿斯尼埃尔地区，而价格却具有绝对的竞争力。酒馆里的演出也十分滑稽，吸引来众多音乐家、作家……

1772年，让·朗伯诺在巴黎的雷波尔什隆区开了第二家酒馆，取名叫“大品脱吧”。之后，从1784年入市征税站关卡被迁走时起，他又陆续开了其他几家酒馆。巴黎并不是唯一拥有露天跳舞小酒馆的城市。一些大型的军事驻防重镇，比如摩泽尔河边的梅兹，或者丝织工业发达的大城市，比如罗纳河沿岸的里昂，它们都是深受士兵和工人追捧的休闲放松之地。每到星期天和节假日，他们都会去这些地方喝酒、唱歌、跳舞。在熬过了路易十四统治末期的苛政，熬过了彻骨的严寒和多雨的夏季之后，人民真的是非常渴望享受生活，尽情欢乐。

另外，如果说饥饿、贫穷和积弊重重的君主专制是导致1789年大革命毋庸置疑的深层原因，那么由于葡萄酒被征重税而蹿升的价格或许是那个让革命一触即发的机关。在那个时代，饮用水短缺，而且经常被污染。还不如喝葡萄酒呢。所以说，大革命初期的骚乱可能真的是由一个希望往巴黎城内输送违禁葡萄酒的小酒馆老板煽动而起的！

红葡萄酒被用于新兴的共和国节庆活动。马克西米连·德·罗伯斯庇尔甚至还作了一首（差劲的）有12个小节的喝酒歌《空杯》：

……天上的酒神
向所有喝水的人
投下严厉的目光。
哦，我的朋友们啊，
你们完全可以相信我说的话，
所有喝水的人，
不管在哪个时代，
都只是个傻瓜，
我为此作证……

葡萄酒价格一直是革命者最为关切的事。尽管会导致巨额的财政损失，但制宪会议还是在1791年2月19日颁布了一项法令，撤销了入市征税站关卡。

法国小调歌手借此机会创立了一些剧场，专门上演他们自己写作的滑稽歌舞剧。比如，巴黎滑稽歌舞剧院就是由歌手伊夫·巴雷、戴思丰泰纳和让－巴普蒂斯特·哈戴在1792年共同创立的。

1795和1796年，是残酷而血腥的大革命恐怖时期结束之后的头两年。圣－伯夫在他的批评论著《当代肖像》中，将这两年间法国的社会面貌描写为“督政府治下的极度狂欢，酒神节式的普天同庆”。人们重新开始正常的生活，重新开始通过感官来享受人生的乐趣。“人们吃午饭，用晚餐，不知疲倦地放声歌唱。宴乐之神科墨斯、嘲讽之神摩墨斯，还有酒神巴克斯终于又回到了人们的生活内容里。这是经历了‘理性女神’之后，该做的最起码的事。”

圣－伯夫的这些言论也在路易·塞巴斯蒂安·麦尔希埃那里得到了证实。麦尔希埃是吉伦特派革命者，反对大恐怖。1798年，他出版了《新巴黎》，在其中他提及了葡萄酒和音乐之间的关系：“从前，只有国王和王公贵族才享有特权伴随着音乐吃晚饭。而今，所有公民毫无差别地，全都是国王，全都是王公贵族。他们用晚餐的时候，笛子、号角和双簧管的齐奏是必不可少的。甚至在烟雾缭绕的低级小饭馆里，利穆赞大区的人一边吞食毫无滋味或营养的粗劣稀粥糊糊，一边还享受着耳边传来的优雅的风笛声。”麦尔希埃还描写了盲人和乞丐在地下通道里唱歌的情景：“这简直是场骇人而喧嚣的歌舞狂欢酒会，每时每刻，酒会的指挥者都得使出浑身解数，竭尽全力地想让他那些个不听话的‘缪斯’女歌手能重新找到应有的节奏和韵律。可她们一个个喝得醉醺醺，变得极度兴奋和狂躁，除了她们打碎的酒瓶和玻璃杯发出的噼里啪啦声，她们根本不清楚还有什么其他的谐和之音……那个吹笛子的醉得不轻，直往笛子管里流口水，而那个歌手的嗓音也如同乌鸦叫一般。可不管是谁，要是不给他们的表演鼓掌，都有可能遭到挑衅、谩骂和羞辱。可以说，是咖啡馆引领了和谐音乐会的潮流，并将音乐变成了所有人都热衷的一项技能。”

水边的露天跳舞小酒馆

19 世纪初，巴黎的“唱歌咖啡馆”有很多，咖啡馆里常驻有一些小调歌手（不过，他们创作的词曲受到当局的严密监察）、街头杂耍艺人、喜剧演员，还有一些木偶表演艺人。这些咖啡馆不仅供应香槟和麝香葡萄酒，还供应柠檬汽水、咖啡、啤酒和潘趣酒。

自 1815 年至 1848 年，在巴黎和外省纷纷发展起来名为“快活团”的工人歌唱团体。其成员是一些工人和手工业者，他们聚在一起痛饮葡萄酒，并通过歌声表达对社会和政治的不满和抗议。与之相比，“小资酒窖吧”表现的激烈程度要弱得多。此外，快活团还是巴黎 1848 年革命爆发的策源地。

漫画：《双人贵族步》。

在外省，快活团更多的是一些纵酒狂欢、唱歌跳舞的团体。城市里的名流显贵聚集于此，时而灵感袭来、文思泉涌，创作出一些曲段。

在路易·拿破仑·波拿巴的推动下，休闲放松的场所又发展出音乐会咖啡馆这一形式，它的主要经营目标当然是售卖饮料，但同时也通过声乐和器乐演出，为大众提供娱乐和消遣。

由于难以监管，而且或多或少对既定秩序具有颠覆性，“快活团”和“唱歌咖啡馆”便陆续消失了。

随着铁路的发展，露天跳舞小酒馆迁到了郊区，毗邻马恩河或塞纳河，依傍山清水秀的田园风光。在这里，人们可以品尝到炸鱼和炸欧鲌，供应的饮料有彼岸的白葡萄酒、汽酒或香槟。酒馆里驻有小乐队，演奏钢琴、小提琴和单簧管。随着音乐的节拍，人们翩翩起舞：华尔兹、四对舞、波尔卡舞、玛祖卡舞、苏格兰舞，有时也会尝试跳波士顿舞、阔步舞或拉格泰姆爵士舞。

克洛德·莫奈和奥古斯丁·雷诺阿用画笔完美地描绘了这些休闲放松场所。戴奥费勒·戈蒂埃、埃米尔·左拉和居易·德·莫泊桑在小说里对它们也有描写。

巴黎的音乐会咖啡馆深受资产阶级喜爱，数量大幅度增长。咖啡馆的选址也严格遵照由奥斯曼省长开辟的城市通道所规定的地理区划，集中在奢华的大剧院和公共舞池附近。在香榭丽舍大街地段，自 1845 年起兴建了许多清新可人的小酒馆。周一到周五每天 19 点至午夜以及每个周日的下午，一批还算有点钱的顾客都会来这里喝酒，他们喝气泡葡萄酒、劣质香槟酒、用玻璃杯供应的加糖葡萄酒、开胃酒、烈酒、利口酒等等。小酒馆里有一名歌手负责活跃气氛，每半个小时，他会挨桌地走一圈，向酒客讨要小费。

Sacem 协会的创立
源起一次未付款的消费

此间，在大使咖啡馆诞生了音乐舞台剧。1848 年大枪杀以后，大使咖啡馆的经理聘请了一批乐器演奏家和歌手。次年，他布置好了一大片附有一个平台的露天咖啡座，随即便开始全力推出“大使音乐会”。规定要求，在幕间休息时，观众或者更新饮料，或者离开场地。1850 年 7 月，词曲作家厄奈斯特·布尔热和他的两位作曲家朋友维克多·巴里佐、鲍尔·昂立庸一起来到大使咖啡馆，边津津有味地品酒，边聆听台上艺术家们演奏……他们三人创作的歌曲！当侍者来向他们出示账单时，他们拒绝付款并争论道，老板付给表演者报酬却没有人付给他们三个作者报酬。这一纠纷被诉诸司法裁决。令大众惊讶的是，塞纳河法庭认为作家们有理。经上诉后，法庭做出终审判决，并于 1851 年 2 月 28 日设立了一个中央代表处，专门负责为词曲作家征收著作权税，这便是“作词家、作曲家、音乐出版商协会”(Sacem)的前身。很快，这一协会就吸纳了好几千名会员，

《香榭丽舍大街上的大使唱歌咖啡馆》，约 1840 年。

使得众多音乐创作者、小调歌手和古典音乐作曲家能够以他们的艺术创作为生。

《艾尔多拉多剧院》，巴黎第十区，斯特拉斯堡大道4号。

1860年的巴黎街头错落着许多音乐会咖啡馆，尤其是在香榭丽舍地区和圣殿大道上。这一时代出现了两大音乐会咖啡馆：位于斯特拉斯堡大道上的艾尔多拉多（L'Eldorado）和位于布瓦索尼埃尔市郊路上的阿尔卡萨尔（L'Alcazar）。1861年，艾尔多拉多咖啡馆摒弃了众所周知的幕间更新饮料的规定。此外，一直以来为避免与剧院竞争而被禁止在咖啡馆穿着的舞台服装也终于被解禁，由此为音乐舞台剧和滑稽歌舞剧的发展铺设了自由顺畅的道路。

与此同时，还出现了一些俱乐部，如埃米尔·古窦创办的“厌水者俱乐部”。俱乐部被如此命名，原因在于其创立者古窦先生的嗜酒倾向。俱乐部的成员包括居易·德·莫泊桑、夏尔·克罗和萨哈·本阿特，他们聚在拉丁区的咖啡馆里一边品酒，一边畅谈文学、漫话诗歌。也正是一些“厌水者”创立了“黑猫”、“吉乐的兔子”（安德烈·吉乐创办，又名“狡兔酒吧”。——译者注）、“四艺”等“蒙马特夜总会”。

灯芯绒西装、红色衬衫、宽檐帽子、高筒皮毛靴、大斗篷，这是阿里斯蒂德·布吕昂的标志性装束。他的演艺生涯始于黑猫夜总会。布吕昂来自一个破产没落的资产阶级家庭，在他的保留曲目里，他常提及被遗弃者、赤贫者、小流氓……

我找寻财富
在“黑猫”周围
在明亮的月光下
在夜晚的蒙马特。

香槟，最甜美的乐曲

“看啊，我的朋友们，这就是最甜美的乐曲，最轻柔悦耳的声音，最契合灵魂的交响乐。”提到香槟，同时也是伊壁鸠鲁信徒的法国作家安东尼·瑞欧大声地说出了自己的看法。

哲学家米歇尔·翁弗雷也肯定地说：“如果波尔多葡萄酒是油画，勃艮第葡萄酒是雕塑，那么香槟可以比作音乐。”在这本《美食的理性》里，他继续说道：“香槟确实是唯一唱歌的葡萄酒。开启香槟酒瓶，软木塞砰然弹出，这刹那间迸发出来的浑厚饱满的响声，已然宣告了音乐的美妙。其实，只需静静地聆听那些有生命的气泡在高脚杯中香槟的表层不断破碎，便足以感受到香槟歌声的魅力。”的确，“葡萄酒之王”在音乐世界里占据着独特的地位，它不仅是约翰·施特劳斯或雅克·奥芬巴赫等作曲家在轻歌剧里运用的首要角色，也是众多歌唱家和音乐家的灵感启迪者。

香槟的发明要归功于奥维耶修道院的一名修士，尽管这一说法从未真正得到过证实。但历史学家一致认为，佩里尼翁修士通过调配不同产区的葡萄原酒、调整酒中的黏性添加物、用软木作为酒瓶塞……为香槟

《香槟之夜》，路德维克·阿罗姆（Ludovic Alleaume，1859—1941）和弗朗索瓦·安东尼·维萨沃纳（François Antoine Vizzavona，1876—1961）绘。

品质的改良作出了极大的贡献。

18 世纪末，起泡香槟的产量不足一百万瓶。喜爱香槟的名人有很多，包括普鲁士弗雷德里克二世、俄国卡特琳娜二世、英国首相罗伯特·沃尔波先生、伏尔泰、狄德罗等等。缘于沉淀物方面的一些问题，香槟酿造起来很难，所以当时的香槟稀罕而珍贵。安东尼·德·穆勒是凯歌先生的遗孀尼古拉·蓬萨丁夫人的雇员，他在 1810 年左右发明了"转瓶"法，从而有效地降低了生产成本。工业上，玻璃风机技术的飞跃发展也为降低酒瓶的价格作出了贡献。

当时的顾客要求一种含糖葡萄酒，而且酒精含量要低，起泡要非常多，适于在佳节和舞会上大量饮用，或搭配餐后甜点饮用。就这样，香槟基本上取代了由地中海地区像甜烧酒一样的葡萄酒自中世纪以来一直占据的地位。

路易·阿莱克桑德尔·福尔是小城圣佩雷的葡萄酒商，他把白葡萄酒卖给埃佩尔奈小镇的酒商。1829 年，在一个香槟酒窖管理员的启发下，他发明出"穷人的香槟"。其实，这种香槟表现出来的特性是一样的：软木塞弹起，杯中酒噼里啪啦作响，香槟中含有的糖分很黏手……终于，令女人们欲罢不能！在降低了酒中的含糖量之后，香槟才征服了英国人。随后，这一"英式口味"便在其他消费者中间蔓延开来。

1911 年，爆发了一些骚乱，打扰了香槟地区的平静。这是因为一项法令提议将香槟的生产限定在马恩省境内。奥布省展开了抗税大罢工，红旗飘扬在市政府上空，一首"奥布省香槟酿造工人之歌"伴着《国际歌》的曲调，号召人们揭竿而起，去"反抗马恩省百万富翁们的压榨"。最终，葡萄价格提升，一切问题遂得到解决。

露天跳舞小酒馆奋起抵抗

面对现代的冲击，露天跳舞小酒馆奋起抵抗，相比之下，音乐会咖啡馆则要略逊一筹。露天跳舞小酒馆是第一次世界大战之后，民众排解发泄情绪的真正好去处，同时，得益于马塞尔·卡尔内的电影，它们也变得闻名遐迩。经由这里，手风琴开始走进人们的视野，它与爵士乐同期诞生于巴黎，堪称完美的露天表演乐器。尽管受到巴黎东部偏爱风笛的奥弗涅人的抵抗，手风琴最终还是取代了所有乐器，包括小提琴和手摇弦琴。

《黑猫》，阿里斯蒂德·布吕昂（1859—1923）的叙事诗剧。

手风琴演奏者处在小型乐队的中央，引领大家跳舞。小乐队由一组打击乐器、一把小提琴、一把班卓琴、一架钢琴和一把低音提琴组成，必要时再加上几件风管乐器，有时还包括一位男歌手或者一位女歌手。为解渴，喝上几口清淡的葡萄酒，随后伴着音乐，大家一起跳舞，跳风笛华尔兹（为狭小场地而设计的）、爪哇舞、风笛探戈等等。露天跳舞小酒馆还是弗蕾艾勒和艾迪特·琵雅芙等艺术家在事业上华丽起飞的福地。

一战之后的几年间，滑稽歌舞剧和轻歌剧也以一种非常显著的“百老汇”风格大获成功。这是“疯狂的年代”，香榭丽舍剧院里上演的是约瑟芬·贝克的滑稽歌舞剧《黑人》。音乐会咖啡馆已成明日黄花，葡萄酒和音乐也不再出双入对，巴黎的俱乐部已然开始供应烈酒了。20 世纪 30 年代，一些美国爵士乐手开始在巴黎俱乐部里演出，如路易·阿姆斯特朗、胖子沃勒和柯曼·霍金斯。

第二次世界大战以后，滑稽歌舞剧场完成了历史交接，香榭丽舍周边地区的“香槟夜总会”开始登台亮相。

这是摇摆舞和爵士乐迷的年代。自1947年起，圣·日尔曼德普莱地区成为了爵士乐生活的中心。或许是延续了战争期间养成的藏身习惯，人们将自己关在酒窖里，这样就可以置身于尘世生活之外，也可以重新找回被遗忘的葡萄酒的芳香…… 据新闻报道，在这些酒窖吧里，终日举行着“由脏兮兮的存在主义者领导的声势浩大的酒神狂欢节”！

其实，一些大音乐家是在私人俱乐部里演出的，如“禁忌”俱乐部、“花语”俱乐部、“小号角酒窖俱乐部”、“圣·日尔曼俱乐部”……在这些地方，人们常喝葡萄酒。一些爵士乐大师，如斯蒂凡·格拉佩里、强哥·莱恩哈特、查理·帕克、迈尔斯·戴维斯等等，都曾在这些俱乐部里演出过。

在位于圣·日尔曼德普莱的“禁忌”夜总会门前跳舞的一对男女。

雷欧·费亥、鲍里斯·维昂、雅克兄弟、乔治·布拉森、夏尔·阿兹纳夫、朱丽叶特·格蕾科、芭芭拉、居易·贝阿、雅克·布雷尔…… 甚至伟大的塞日·甘斯布，最初都是在这些夜总会里开始他们的音乐生涯的。

由于维希政府的特别钟爱，那些粗俗的节庆活动得到大力推行并广受追捧，导致露天跳舞小酒馆在整个二战期间都无人问津。但随后，大解放到来，小酒馆不再缺席，而是热情地参与到全民的狂喜之中。在这里，美国人发现了“法式音乐”、葡萄酒、卡门贝干酪、红肠……简言之，发现了法式生活的艺术。1943年，由让·德雷雅克作词，夏尔·波莱勒－克莱尔克作曲的香颂《啊！小白葡萄酒》享誉世界。最终，爪哇舞曲让位于摇摆舞音乐以及后来的比博普爵士乐。

鲍里斯·维昂（1920—1959）。

20世纪50年代，随着无线电广播的解放、密纹唱片的普及和电视机的发展，露天跳舞小酒馆开始衰落。

后来，只有为数不多的几个城市仍延续着这一传统：比如小城诺让（Nogent）在1954年6月27日创立了“小白葡萄酒节”。尽管让人恋恋不舍的露天跳舞小酒馆早已过了时，但它留存下来的形象依然具有相当的价值和影响力。因此，在90年代，麝香白葡萄酒行业协会求助于它，利用它的形象为葡萄酒做宣传。

“酒窖吧歌舞狂欢团”的美丽冒险

“酒窖吧歌舞狂欢团”由阿莱克西·皮隆、夏尔－弗朗索瓦·帕纳尔和其他几人共同创立于18世纪20年代末期，在音乐和葡萄酒领域占据了独特的地位。

帕纳尔是个歌曲和戏剧爱好者，过着吃喝玩乐、快活不羁的生活。他在沾满墨汁和葡萄酒污渍的纸上写作滑稽歌舞剧。他说“葡萄酒是天才的墨汁”！他和性情相投的伙伴一起，经常参加一些有酒喝的晚餐。晚餐有时会持续近十个小时，那他们就一直喝上十个小时。葡萄酒来自各个不同产区，有苏雷斯尼、阿尔让特耶、勃艮第、香槟区……晚餐上，大家齐唱喝酒歌，比如帕纳尔写的一首，

《蒙马特高地加莱特磨坊的舞会》，奥古斯丁·雷诺阿（1841—1919）绘。

副歌部分如下：

那究竟为啥喝水呢？
难道我们是青蛙？

作家阿莱克西·皮隆（1689—1773）、法国雕塑家让-玛丽·皮加勒（1792—1857）根据让-雅克·卡菲里（1725—1792）的雕塑作品雕刻而成。

这一温馨美好的和谐场面持续了十多年，但随着上流社会的富人们也想参与到晚餐中来而瞬间分崩离析。因为那些小调歌手感觉不自在，便大肆争吵起来。1743年，史上“首家”酒窖吧就此消失。不过，这个时代留存下来一些歌曲汇编，每年由印刷商巴拉尔出版，里面收集有《肃穆咏叹调》《餐桌圆舞曲》《喝酒曲》《酒神歌》等。

一些酒窖吧歌舞狂欢团的成员也经常出入其他团体，因为在大革命以前，有很多类似的团体：多米尼加团、捕蝇鸟团、友谊和艺术快乐联盟……后来，“酒窖吧”以“滑稽歌舞剧的晚餐”这个名字重新亮相。每次晚餐，赴宴者必须带来一首根据抽签所得的题目创作的新歌。酒窖吧的复兴被毕伊思（Piis）骑士写进了歌里：

在老酒窖吧的旧址上
我们建立了新酒窖吧！
在那里，我们不醉不休
每月一天让我们兴奋不已……

这一次，每个月都将歌曲结集出版。吃晚餐的快活人还组织了其他团体，如“快活男孩午餐团”和“圆桌团”。圆桌团的成员们在克里丝伯爵夫人的宫邸聚会，并且创作了著名的《圆桌骑士之歌：尝尝看这葡萄酒好不好！》。格里默·德·拉莱尼埃尔领导的“星期三快活团”将美食放在首位，歌曲仅以附属品的身份被宴会接纳。

1805 年，作为书商和出版人的皮埃尔·卡佩勒开始对酒窖吧感兴趣。他提议以在餐馆免费用晚餐作为交换条件，小调歌手每月为他的《美食家报》提供一首未曾发表过的歌或者一篇散文稿。出于保护出版物的考虑（著作权尚未存在），他与歌手们签订了一份私署证书，赋予他对文本的独家使用权。卡佩勒赠予歌手的晚餐是在“坎卡尔悬岩餐厅”，这个在当时很不起眼的小酒馆，后来变得遐迩闻名。这些歌手所组成的团体一开始取名“伊壁鸠鲁快活团”，后改名为“现代酒窖吧”。

这是现代酒窖吧最为辉煌的时期，它的歌曲作家包括楼荣、毕伊思、阿尔芒·古费、贝朗热、德佐吉埃等。时不时地还邀请一些大人物来参加晚餐，如画家奥拉斯·威尔耐或者塞居尔伯爵。塞居尔伯爵是拿破仑的庆典总管，他在为罗马国王的洗礼仪式撰写礼仪书的同时，作了下面这首歌：

> 所有坏人都是喜欢喝水的人
>
> 这已经被大洪水充分证明了！

塞居尔伯爵菲利普-保尔，1812 年被任命为准将，历史学家、法兰西学院院士（1780—1873），画面上他身着戎装，处于 1828 年复辟时期，热拉尔·弗朗索瓦·帕斯卡·西蒙男爵（1770—1837）绘。

在卡佩勒的文集里，还有一些关于美食的文章，编写人有格里默·德·拉莱尼埃尔、贝尔舒、布里亚·萨瓦兰……烹饪成了一件严肃的事情，餐馆也成了谈生意和政治的场所。后来，卡佩勒收集的歌曲被重新集结成卷，于 1807 年出版，书名为《现代酒窖吧或坎卡尔悬岩餐厅》。

1808 年，《美食家报》更名为《法国伊壁鸠鲁主义者或现代酒窖吧的晚餐》。塞居尔伯爵为之题写卷首词：“让我们笑吧，唱吧，爱吧，喝吧：这就是我们所有的道德。”

1815年，由于受到政治辩论的连累进而破坏，现代酒窖吧陷入困境，后于1825年获得重生，更名为“酒窖吧的孩子”。酒窖吧歌舞狂欢团这一模式一直运行至1915年，在这期间，它在“德鲁昂之家”餐厅聚集了各界人士，律师、诉讼代理人、政府公务员……甚至还有一个女人!

路易·阿姆斯特朗、杜克·艾灵顿和乔治·奥里克，颁发爵士乐学院奖，1960年12月。

新奥尔良爵士乐的早期

大约1890年的时候，在位于新奥尔良的俱乐部里，音乐的种类多种多样。一些协会（体育、社交、兄弟会……）组织的许多活动（阅兵式、舞会、葬礼……）无一不是在音乐的伴奏下进行的。

在他的自传里，职业音乐家老福特斯叙述道，在庞恰特雷恩湖畔，每周日都有将近40个管弦乐队和铜管乐队演出，在这里，他度过了他生命中最美好的时光。不同的俱乐部各自组织自己的野餐。“一整天里，您吃着鸡肉泥、红菜豆拌米饭，还有烧烤，您喝着啤酒或淡红葡萄酒。人们在乐队的伴奏下翩翩起舞，或是自在惬意地听音乐。”早于爵士乐的拉格泰姆音乐在美国南北战争快要结束的时期出现在圣路易地区。它一出现，便取代了波尔卡舞曲、华尔兹舞曲和苏格兰舞曲。

跳舞厅问世，随而遍地开花。20年代初，威廉·C.帕克博士在印第安纳州立大学任教，他这样回忆那段时期：“我们每周去舞厅跳两三次……我们那时酒喝得不多。年轻女孩一点酒都不喝，男孩偷偷摸摸地跑出来喝上一点葡萄酒。乐队演出的价格是每晚两三美元。”人们还发现了一首“香槟拉格舞曲”，是约瑟夫·F.兰姆于1910年创作的。

在纽约，禁酒令导致秘密开设了许多非法酒吧“les Speakeasies”（字面意思为随心所欲地说话。——译者注）。“棉花俱乐部”便始于这个时代，创立的初衷是服务于白人顾客群体。这些白人爱好非法烈酒以及由黑人艺术家呈现的高质量的演出，如比尔·罗宾森、伊瑟·华特斯、杜克·艾灵顿、路易·阿姆斯特朗、艾维·安德森、凯伯·凯洛威、莱娜·霍恩……

在整个禁酒令时期，估计有7000万箱香槟非法入境。1933年，罗斯福宣布废除禁酒令，此时的美国早已荒废了它的葡萄酒酿造工业，而且由于常年饮用烈性和含糖饮料，人们也丧失了对纯正葡萄酒的品位与爱好。

时至今日，在民间节庆活动中，音乐依然与葡萄酒不可分离。而葡萄酒也赋予大型国际音乐节另一层意义。让我们以时间为序逐一证明。

1 月

圣·万桑葡萄酒节（勃艮第和其他葡萄种植区）

身为传统文化的捍卫者，众多的葡萄种植协会在每年的 1 月 22 日这一天庆祝“圣·万桑节”。流程里包括弥撒和列队游行仪式，但节日上也少不了酒神赞歌和音乐。我们列举其中的两个协会：一是东比利牛斯省的“托塔维尔爱酒骑士协会”，这个协会的座右铭是“歌颂值得歌颂的葡萄酒是正确的”。另一个是卢瓦尔－索恩省的“梅尔居雷歌笛信徒和圣·万桑庆酒协会”，节庆活动中，“勃艮第的快乐孩子”合唱团唱酒神曲，庆酒协会负责主持主教就职仪式。这个著名的圣·万桑（巡游）葡萄酒节是勃艮第“品酒骑士协会”自

20 世纪 30 年代中期开始举办的。在号角、铜管乐队和众多音乐团的伴奏中，代表各兄弟互助会的 70 面会旗和雕像列队出行，葡萄酒节拉开序幕。

www.st-vincent-tournante.fr

2 月

黄葡萄酒开桶节（茹拉地区）

举办时间为每年 2 月的第一个周末。黄葡萄酒在橡木桶中经过至少 6 年零 3 个月的老化（期间不添桶），终于迎来了开桶这一命中注定的时刻。在铜管乐队的伴奏中，节庆活动在茹拉地区进行。一升葡萄酒只能产出 62 厘升黄葡萄酒（即一个黄葡萄酒专用酒瓶“克拉夫兰”的容量）。

www.jura-vins.com

4 月至 12 月

葡萄园里的爵士音乐节（罗纳河畔地区）

这个音乐节是 2000 年伊始在罗纳河畔地区创立的，音乐节上聚集了众多爵士乐发烧友和沃克吕兹省的葡萄种植者，他们来自各个村庄，如凯哈娜、维勒迪约、萨布莱、比奥朗克、维桑……音乐会在酒窖里举行，从 4 月一直持续到 12 月。

www.jazzdanslesvignes.com

5月

圣·于尔班葡萄酒节（阿尔萨斯地区）

在阿尔萨斯，圣·于尔班是葡萄种植者的守护神，每年5月的最后一个星期六，位于下莱茵省的肯兹海姆（Kintzheim）村庄都要举办节庆活动来纪念他。届时由孩子组成的团体吟诵一份非常古老的请愿书，让人们追忆往昔，感怀他的恩德：在蛮族入侵期间，圣·于尔班虔诚地祈祷，最终从掠夺者手中拯救了葡萄园。孩子吟唱请愿书的传统从中世纪流传至今：

圣·于尔班，亲爱的守护神！
在这神圣的一天，
您将赐予我们什么？
但愿坠落天空的一角，
魔鬼牵拉下他的脖子！
抓住他，抓住他！
如果葡萄熟透了，
我们将喝到最好的葡萄酒；
如果葡萄受冻了，
我们将喝到最差的葡萄酒。
在这神圣的一天，我们向您祈求。

“好听的曲子在酒窖里”——卡奥尔葡萄酒节

自1997年起在小镇阿尔巴，每年耶稣升天节之后的那个星期六都要庆祝这个节日。节日上邀请来15支管弦乐队（巴斯克合唱团、传统乐、爵士乐……）做演出，将卡奥尔（Cahors）地区的葡萄酒和音乐完美地结合在一起。

葡萄酒和葡萄园节（法国南部）

这个节日主要盛行在法国南部，节日上举办不计其数的热闹活动，大多数活动在酒窖里进行。当然，音乐始终穿插其中。

www.fetedelavigneetduvin.com

6 月

布尔邦葡萄酒游行节（罗纳河谷地区）

6 月初的一天，布尔邦村（挨着小城阿维尼翁）庆祝“葡萄酒游行节”。将近 19 点的时候，村里的钟声开始猛烈地响起。男人和男孩们带着他们最好的葡萄酒，跟随本堂神甫先生走到圣·马瑟兰小教堂。弥撒结束后，酒瓶塞被拔掉，神甫诵祈祷文，为葡萄酒祝福。然后，所有人碰杯喝酒。余下的葡萄酒用来治愈全年发生的热病和胃痛病。圣·马瑟兰是个治愈热病的行医者，借这个向他致敬的机会，每个人手里拿一瓶酒，一齐用普罗旺斯方言唱起殉道者赞歌：

让我们布尔邦人共唱一首圣歌，
向圣·马瑟兰表达敬意，
他是古代教会完美的殉道者，
是水和葡萄酒的守护神。

哦，你那神圣的功绩
改变了水的本质，
你赐予我们的葡萄藤以丰盛，

为我们干渴的田地送来雨水。

哦，完美的圣人怜悯地
注视着布尔邦和它的土地：
让我们的葡萄园永葆健康，
我们将永远纪念你。

喧闹的莫尔贡音乐节（博若莱地区）

自2001年开始，每年6月的第一个周末，位于博若莱地区的莫尔贡村都会迎来马路音乐节。管弦乐队和铜管乐队在村里的公园和街道之间穿行巡游，演奏的音乐极富创造性和现代感，糅合了多种音乐形式，如爵士乐、传统乐、即兴创作的音乐、世界音乐……

露天小酒馆节（马恩山谷地区）

庆祝露天小酒馆节的活动于每年6月的第三个周末，在桥连城或勒普莱西－罗班松举行。20世纪初，有专程从欧洲各地赶来的铜管乐队在节日上演奏。风笛舞会和小白葡萄酒都是节庆流程中的必备内容。

6月至9月

勃艮第特级葡萄园音乐节

“诺瓦耶葡萄园音乐会”“夏布利葡萄园音乐会”“香贝丹葡萄园音乐会”…… 从夏布利到克卢尼，从6月至9月，以每个周末一或两场的节奏，总共举办五十多场音乐会（古典音乐、歌剧、爵士

《动感的风俗博物馆》，“这下好了！不该让他去！”雷尼埃根据菲利普·雅克·林德（生于约1835年）的作品绘。

乐……）。参与这些音乐盛会的音乐家们来自世界各地，每年有差不多八万名游客慕名而来，聚集于此。

同时举办的还有三十几样有关葡萄酒酿造工艺的体验活动（参观酒窖、探索葡萄园、品酒……）、一个国际性音乐夏季学院，以及一个酿酒工艺学培训班。

7月

波尔多葡萄酒节

2000年初，当波尔多的葡萄种植工们决定在春末夏初之际创立一个葡萄酒节的时候，他们首先考虑到的是节日流程和内容要非常有连贯性，能很好地将传统（各协会列队游行、滚运大木桶赛跑、品酒会……）与现代性联结起来。在节日中，音乐占据了非常重要的地位。具有民族和国际多样性特色的一些娱乐活动吸引了大批年轻人。波尔多－阿基坦国家管弦乐队为观众奉上多场音乐会，有爵士乐曲、晚会氛围的歌曲、世界音乐和古典音乐。

www.bordeaux-fete-le-vin.com

特级葡萄园音乐节（波尔多地区）

每年 7 月底的一整个星期，波尔多的大型酒庄都会在存放桶装酒的酒库里举办音乐会，这就是“特级葡萄园音乐节”。比如 2006 年，音乐会是在玛歌产区的美人鱼酒庄、贝萨克·莱奥尼昂产区的史密斯·上拉斐特酒庄和圣·艾米莉翁产区的卡农酒庄举行的。

www.grandscrusmusicaux.com

葡萄园节（普罗旺斯地区）

7 月底，小城耶荷庆祝“葡萄园节”，这个节日是由普罗旺斯“迷人的酒桶搬运工协会”创立的。届时将邀请一个明星歌手、一个幽默演员或喜剧演员来为观众表演节目。

这一活动的起源和音乐有关。1814 年，为庆祝普罗旺斯伯爵登基成为路易十八国王，在巴黎杜伊勒花园里举办了一场盛大的节庆活动，许多葡萄种植者应邀从普罗旺斯赶来为节日助兴。他们借用一个泄水器（替代过滤器的被打了许多孔的漏斗），使得从酒桶里流出的葡萄酒像唱起歌来一样。君心大悦，宣布将普罗旺斯人命名为“迷人的酒桶搬运工”。

7月至8月

葡萄园里的音乐节（罗纳河畔地区）

“葡萄园里的音乐节”是90年代初由喜剧演员达尼埃尔·塞加尔迪在罗纳河畔地区创立的。音乐节上聚集了众多杰出的古典艺术家，他们通常在葡萄酒庄的露天空地上为观众奉上精彩的演出。

奥朗日古典音乐歌剧节（罗纳河畔地区）

罗纳河畔的葡萄园每年都在奥朗日古罗马剧场举办“奥朗日古典音乐歌剧节”。距此地几公里远的荣凯尔产区的玛莉杰酒庄也借此机会，举办几场音乐会，并制作一款特酿葡萄酒。

www.choregies.asso.fr

8月

沃维葡萄酒节（瑞士）

这个节日自1647年一直延续至今，由瑞士小城沃维的葡萄种植者协会每隔25年庆祝一次。从8月初开始，持续15天。

最初，节日活动的形式很简单，只有一支穿城而过的为纪念圣·于尔班的游行队伍。18世纪，这支浩浩荡荡的队伍里出现了演奏家和歌手的身影，后来还多了一个孩子被装扮成酒神巴克斯的模样……壮大了声势。奖金被发给最好的工人（即辛苦干活的葡萄种植者）。举办这一游行演出的初衷也是考虑到要突显颁发奖金这一仪式。

1815 年，弗朗索瓦 · 格拉斯特撰写了第一部完整的曲谱，为那些由业余诗人写作的不甚协调的歌词文本赋予了和谐统一性。1889 年，曲谱交由雨果 · 德 · 桑热继续撰写。此时，这一节日已经试图要调和大众文化与精英文化之间的隔阂。节日的灵感同时来源于德语区的音乐节、歌剧，以及阿尔卑斯山地区的节日。

1905 年，作曲家居斯塔夫 · 多莱根据勒内 · 莫拉克斯和让 · 莫拉克斯兄弟的戏剧脚本和油画作品，创作了一部结构严密的作品，由此也诞生了一首歌颂土地的赞歌，这首赞歌在民间大获成功，影响了几代歌手。

1955 年，节日活动的组织者邀请了一大批知名的国际艺术家。一首百老汇的小乐曲在沃维集市的大广场上回响着悠扬的旋律。

1977 年，让 · 巴利萨根据亨利 · 德布鲁埃的一个戏剧脚本创作了一首曲子。德布鲁埃这位沃州的词作家将这一节日恢复到其起源时最初的形式和状态，重新建立了它与基督教传统的联系。

1999 年，在迄今举办的最后一次节日盛会上，葡萄种植者终于重新被置于剧本创作的中心。

www.fetedesvignerons.ch

玛尔西亚克爵士音乐节（西南地区）

“玛尔西亚克爵士音乐节”已成为欧洲最大的爵士音乐节之一。最著名的音乐家，如斯坦 · 盖茨、奥斯卡 · 皮特森、迪 · 迪 · 布丽姬沃特、莱奥纳尔 · 汉普顿、凯斯 · 杰瑞特…… 他们自 1977 年开始参与这个音乐节，曾在这里演奏了各种风格的音乐：爵士乐、福音歌曲、蓝调乐……

8 月上旬的十天，音乐节在村庄里举行（不过此后，全年不间断地有音乐会）。音乐节期间，300 名葡萄种植者头戴他们的传统贝雷帽，身穿黑色围裙，向游客推荐他们的圣 · 蒙山坡（Côtes de

《酒神女祭司》，厄奈斯特·比勒尔绘，1905年，瑞士沃维葡萄种植者节的宣传海报。

FETE DES

Saint-Mont）特酿葡萄酒，而且到场的一位卓越的音乐家亲笔在这一特酿的背标上签了名。

www.jazzinmarciac.com

佩诺蒂卡巴尔黛兹国际钢琴音乐节（奥德省）

自2000年起，每年的8月中旬，小城佩诺蒂（毗邻奥德省首府卡尔卡松。——译者注）都会在葡萄园最深处举办这个国际钢琴音乐节。

www.lescabardieses.com

布伊朋友节（博若莱地区）

在罗纳河沿岸的小城圣·拉热，每年8月末人们都要在音乐中庆祝“布伊朋友节”。这个节日要上溯至20世纪20年代初。当时在一战中死里逃生的法国士兵们总是来到布伊山的山顶，感谢圣母玛利亚救了他们。他们在山顶度过整个下午，即兴歌唱，痛饮欢笑。

香槟省音乐节

8月底，音乐节开始，音乐会由“马恩省大山谷地区市镇共同体”组办。每场音乐会结束以后，都安排一项与葡萄种植和葡萄酒酿造相关的活动（讲座、品酒、参观……），帮助游客发现这里的葡萄赖以生长的风土。

酒脚上的爵士音乐节（南特葡萄园）

在南特的葡萄园，这个音乐节由“爵士乐和慕斯卡黛葡萄酒联合会”在每年的8月底连续举办三天。

www.jazzsurlie.com

奥斯卡·皮特森（1925—2007），加拿大钢琴家、爵士乐作曲家，伦敦美人鱼剧院，2005年7月。

艾格斯海姆葡萄种植者节（阿尔萨斯）

身为阿尔萨斯葡萄园的摇篮，“艾格斯海姆葡萄种植者节”为游客提供众多音乐活动（风笛舞会、音乐团体演出……）。

2005年，一些年轻的天才艺术家举办了一个名为“音乐滋味”的音乐节。音乐家们设想开展一项研究，探讨阿尔萨斯的7个葡萄品种和音阶上的7个音符之间的对应性，以及葡萄品种和乐器之间的关系。

9月

遵古法葡萄采摘节（茹拉和罗纳河畔地区）

“遵古法葡萄采摘节”在茹拉地区的小城阿尔布瓦举行，在机械管风琴的乐声中，节庆活动拉开序幕。这个节日非常古老，可追溯至公元12世纪中叶。以一名乡村小提琴师为首的长长的游行队伍，穿过城市来到教堂，举行祭奠仪式。紧跟在小提琴师后面的是四个葡萄种植者，他们手里抬着被称为“le biou”的巨型葡萄串，让人联想起《旧约》里的“迦南地”。

www.arbois.com

在罗纳河畔地区的加尔省境内，有个种葡萄的小村庄，名叫楚斯克朗（Chusclan），早在许多年以前，它就开始举办“遵古法葡萄采摘节”。届时人们可以听到许多传统乐器的演奏（机械管风琴、手风琴……）。

博纳爵士音乐（勃艮第地区）

从几年前开始，葡萄酒和爵士乐发烧友在每年 9 月举办这个“勃艮第名酒和爵士音乐节”。这一盛会的创办人解释道：“音乐能够通过一个乐章释放其所有的热情，犹如一杯葡萄酒透过其独特的芬芳，将其质地表现得淋漓尽致。”在音乐会开始之前，会举行一些品酒活动和酿酒工艺的入门课程，而且还举办一个“葡萄酒大师班”。

www.jazzabeaunefestival.com

香贝丹音乐节（勃艮第地区）

在每年 9 月的连续三个周末里将举办这个音乐节，届时可以欣赏到各种类型的音乐（法国香颂、爵士乐、歌剧、古典音乐会、中欧音乐……）。音乐会之后，会安排品酒活动。

www.ot-gevreychambertin.fr

卢瓦尔河上的蒙路易爵士音乐节（图兰地区）

这个爵士音乐节创立于 1987 年，每年 9 月举行，以图兰地区的葡萄酒为依托。

www.jazzentouraine.com

一瓶被当场培养并酿造出来的慕斯卡黛！

南特的“独此一处”，曾是一家“露牌”（Lu）老字号饼干厂，现为南特当代艺术中心，经常举办戏剧、音乐、舞蹈等演出。每年在这里，公众可以参与制作一款“慕斯卡黛独一无二极品特酿”（Cuvée unique de Muscadet）葡萄酒。在艺术中心二层放置了酿酒槽。只要参与制作，都有机会品尝到葡萄酒，尤其是进行葡萄酒调配的人更可以按时品尝葡萄酒。终于，成果出来了，在数百人面前葡萄酒被装瓶了。人们欢唱饮酒歌和经文歌，音乐家演奏的旋律与装瓶生产线发出的声音交融在一起，和谐动听！

当音乐用于推销葡萄酒

葡萄酒广告营销活动向音乐世界寻求帮助其实并不罕见。比如说，在20世纪90年代，教皇新堡援引了"13个葡萄品种的交响乐"这一说法，配上一杯酒和一把小提琴的图景，来表现罗纳河畔这一产区的葡萄酒具有复杂多变的芳香。名为"永恒的勃艮第"（1994年）的营销活动呈现了一个酒桶、若干串葡萄、一个酒瓶、一只品酒用的小银杯、一把小提琴、一篇乐谱和一位作曲家，运用这些形象来阐明勃艮第葡萄酒与音乐共有的永恒性。地处圣·艾米莉翁产区特级葡萄园的康坦酒庄，在其广告中把一瓶葡萄酒和一把小提琴结合起来；无独有偶，上梅多克产区的木桐嘉棣品牌酒，也使用过一把小提琴的视觉形象，用以突显葡萄酒自身的优良品质。波尔多赫赫有名的葡萄酒商、拥有克雷芒教皇酒庄的贝尔纳·马格雷曾毫不犹豫地宣称自己是"珍稀葡萄酒的作曲家"。他还倚靠着酒桶让人给他拍照，而酒桶上端加高的边沿让人联想到一架钢琴。

此外，一些酒标的设计也融入了音乐元素。比如，博若莱产区的桑松酒窖葡萄酒的标签上，呈现了几件古代乐器，一些铜管乐器，还有一把班卓琴躺在几瓶葡萄酒上面。在一个广告中，白雪（Piper Heidsieck）香槟酒行将一瓶香槟的不同制作阶段与一部音乐作品的创作过程对照起

来。配图文字引发人联想："词语之曲。如果您一时找不到什么词语来描述香槟，那么请闭上眼睛，听乐曲在说什么。和音乐一样，香槟也是自我品味的：从前奏到终曲，期间有一次香气的升腾与迸发，此刻，一切都丰盈起来。紧跟着，跳出几个生机勃勃的音符，是轻快的快板，一种优雅之感，一种持久、复杂、宏伟的速度。随后，轻盈再现，慢慢地，一切归于平静。这是莫扎特，是一首咏叹调，轻盈的，像气泡破裂般跳跃，如香槟起泡般欢腾。显然有一种对节日的渴望。气泡的起伏，犹如音乐的进展，在笛子般细长的酒瓶里来回反复好多次。香槟是会唱歌的葡萄酒：小小的气泡在酒的表面爆裂，然后，节奏发生变化，减慢，从最强音演奏的乐段到微弱的旋律，从小快板恢复到原速。"

最后，怎能不提及位于罗纳河畔地区的圣·塞西乐·莱维涅酒庄，在其入口处放置了一块木牌，上面画着一把小提琴，琴弦是葡萄树排成的行列，旁边配有文字"一片风土的和谐之音"！

既然提及了圣·塞西乐酒庄，那么便借机回顾一下这位被奉为音乐家的守护女神的历史。11月22日是她的纪念日。圣·塞西乐出身于罗马的一个贵族家庭，她成为基督教徒，发贞洁誓愿。迫不得已和一名异教徒瓦雷里安结为夫妻以后，塞西乐在一个天使的协助下，成功地让她的丈夫也皈依了基督教。举行婚礼仪式期间，她祈祷要保存住这处女之身，而出于怨恨，此时的她不想听到管风琴的乐声。终因坚持信仰，她在约公元200年时受折磨而死。中世纪末期，她开始拥有了音乐家的声望，这是由于她总是与管风琴相伴左右，造成了人们错误的理解。

10月

年份葡萄酒节（格勒诺布尔）

每年10月底，小城格勒诺布尔都将举办“年份葡萄酒节”，这既是一个音乐的节日，也是一个有关酿酒工艺学的节日。酿酒工艺学的部分包括品酒作坊、酿酒工艺入门课程、展览、体验活动等。在以音乐为主题的节庆活动中，游客们可以向作曲家表达敬意，同时徜徉在音乐历史的长河里，还有一些音乐学校带来的午后演出、香颂、室内乐、爵士乐音乐会等等。

www.lemillesime.fr

克鲁兹·埃米塔日法定产区夏尔·特雷内特酿葡萄酒。

《加纳的婚礼》，保罗·加利亚里·韦罗内塞（1528—1588）绘。

《在女吉他手伴奏下的酒神节狂欢》，即"酒神节大狂欢"，尼古拉·普桑（1594—1665）绘。

锐舞派对，对古代酒神节的再现

在古代，举办狄俄尼索斯酒神节既是为了在宴席上饱餐痛饮一番，亦是为了从日常纷繁的生活中解放出来，而无须顾忌对宗教活动施行的禁令。实际上，对第三个千年（即21世纪）伊始举办的那些高科技电音舞会（即"锐舞派对"）来说，古希腊时代的酒神节并不遥远。

在酒神节或锐舞派对上喧闹而有韵律的音乐表演的诱发下，人迅速沉溺于一种近乎迷幻的状态，去违犯（公然或私底下）社会行为准则。与日常生活中的按部就班一刀两断、从遭受社会压抑的冲动中解放出来、不同人群之间感情上的相通、群体的共同体验、次属的精神状态等等，都是这两类"欢乐会"所产生的结果。

然而不幸的是，如今，古代酒神节上不可缺少的葡萄酒经常被一些烈酒，甚至毒品所取代。不过实际上，在古希腊人饮用葡萄酒和如今的人们在techno音乐的舞动中吸食毒品之间，却存在着明显的相似性。葡萄酒使酒神的信徒心醉迷离，兴奋异常，将其从惯常的状态和规范的行为方式中分离出来，犹如今天的毒品，能改变人的精神状态。

狄俄尼索斯酒神节已不复存在，也许techno电音舞会也终将消逝，但大快朵颐的欲望，以及逃离日常生活的渴求，将一直存在下去，不管文化或时代如何变化。

古今中国的葡萄酒与音乐

中国青年歌手大赛自1984年开始举办，由中国中央电视台面向10亿观众进行直播，各单项比赛一共历时40天。

2006年，大赛新设立了原生态唱法单项比赛，这就使得来自偏远山区的少数民族歌手也能有机会参加到这个大赛中来。自此以后，这个唱法便成为了观众给予掌声、赞许声和支持声最多的比赛之一。就在这一年的大赛上，来自四川省阿坝藏族自治州的羌族两兄弟演唱了一首关于酒的歌。他们上台时，手里拿着一个有柄小口酒壶。一人喝了一杯酒之后，他们开始唱歌，显出有点醉晕晕的样子。观众和评委们瞬间就被这种原汁原味的演绎方式征服了。这一幕让人想起，早在几千年前，中国就已经出现了葡萄，而且在商周时代的占卜骨片上，还发现了关于当时的宗教祭祀仪式上使用过葡萄酒的记载。另外，马可·波罗就曾喝过产自山西的绝佳葡萄酒。

《天庭众神》，丝绸画（朝鲜李氏王朝）。

从古至今，中国人一直有举行节庆仪式的传统，比如庆祝新年的春节。古时过春节期间，人们一边喝加香料的葡萄酒，一边听二十五弦琴、竹口琴等古乐器的合奏。

据孔子所言，和谐悦耳之音升华人的灵魂，犹如食物强健人的身体，二者同等重要。后世的中国文人亦非常崇尚酒与音乐之间的这种和谐一致的关系，比如生活于公元3世纪中期的“竹林七贤”。根据一个世纪之后的文字记载（他们以文学和绘画闻名于公元4世纪），这七个朋友聚于竹林之中，一起喝酒、弹琴、交谈。七贤之一的阮咸，嗜酒如命，精通音律，被认为发明了一种古琵琶，并以他的名字“阮咸”命名。

《音乐会》

CHAPTER 2

第2章

歌里的葡萄酒

Le Vin & la Musique

《皇帝的餐厅》，阿那克里翁·皮亚特·约瑟夫·索瓦日（1744—1818）绘

《风笛演奏者》，根据弗朗索瓦·布歇（1703—1770）的画作，布隆多雕塑。

古希腊诗人阿那克里翁写了许多非常优美的关于葡萄酒的诗歌。但那些赞颂葡萄树和葡萄酒的最古老的诗篇，须得在《旧约》里寻找。

很久很久以来，葡萄酒和歌曲一直紧密相连：人们在采摘葡萄或是在酒窖里劳作的时候，都有歌曲的陪伴，酒的酿成离不开歌曲；酒赋予作者灵感（有时饮酒无节制，灵感亦无穷尽……），歌曲的诞生离不开酒。在记音符号发明以前，人们对歌词的配乐只能有一个大致的印象。而今，这些歌词依然具有时代性，因为与旋律不同，歌词是不会衰老、不会过时的。

公元前500多年，古希腊诗人阿那克里翁弹着他的里拉琴，用颂诗和歌曲来赞美葡萄酒。他自称受到了酒神狄俄尼索斯的启迪，但他饮酒并不过度："十份水配以五份酒，这便是完美的混合比例。"他为后世留下许多诗歌，启发我们去感受美酒佳音带给人的快乐：

午餐的时候，我掰了
一小块蜂蜜香料面包，

可我却喝光了一坛酒。

而现在的我，轻轻地

弹起我钟爱的里拉琴

来歌唱我那年轻温柔的心上人儿。

好了，清醒一下，已经闹够了：

太过喧哗，却极少有真正的交谈，

唱我们的酒，像斯基泰人那样纵情欢乐，

让我们适度喝酒，为神灵唱动听的歌吧。

《先知大卫》，莱奥纳尔·里默赞（约1505—1575）绘。

《圣经》中有许多以葡萄树和葡萄酒为创作对象和灵感的诗歌，所以是另一个有价值的资料来源。

《旧约》难道不就整个是一部被吟唱的壮阔宏伟的乐谱吗？实际上，在这希伯来文文本的各个角落里掩藏着许多音乐方面的印迹：经过不断的假设和推断，研究人员终于成功地探究出了一部分印迹的意义。

例如，在《以赛亚书》(第五章,1—2)里有一篇《葡萄园之歌》，这是一篇寓言体经文，上帝的葡萄园代表以色列人家，上帝珍爱的葡萄苗木代表犹太人。上帝期盼公正和审判，反倒得来不公正的审判和受苦人的哭喊：

> 我要为我所亲爱的唱歌，
> 是我所爱者的歌，论他葡萄园的事：
> 我所亲爱的有葡萄园
> 在肥美的山冈上。
> 他刨挖园子，捡去石头，
> 栽种上等的葡萄树。
> 在园中盖了一座楼，
> 又凿出压酒池。
> 指望结好葡萄，
> 反倒结了野葡萄。

唱赞美诗时，须得有弦乐器的伴奏：唱诗者以人民之名，向上帝祈祷。在大卫王的治下，建造“圣殿”之前，赞美诗是由好几百名歌手兼乐器演奏者（竖琴、里拉琴、铙钹）演唱的，而在某些场合还要依靠上百只喇叭来振奋气势。24名唱诗长不停歇地为成千上万个唱诗学徒教授音乐。

《交际花家中的神童》，又名“五感官的寓言”。

在《诗篇》里，75篇用于宗教典礼仪式中演唱的祈祷文，被认为出自大卫王本人之手。诗人克莱芒·马罗在弗朗索瓦一世的资助下，将这些祈祷文改编成了法语，而后的若干世纪中，又有许多诗人和音乐家不断地为这些赞美诗增添不同的版本。在这些诗文中，有一些明显地取材于葡萄树和葡萄酒：

你叫你的民经受艰难，
你叫我们喝那使人东倒西歪的酒。（诗60：5）

上帝手里有杯，
他倒出杯中起沫且酸涩的酒：
地上的所有恶人必饮此酒，
连酒的渣滓都要舔尽。（诗 75：9）

饮酒以愉悦人心，
使容光焕发甚于油，
食粮以振奋人心。（诗 104：15）

《雅歌》是一首以贪婪的口吻描写男女间爱情的瑰丽诗篇，被认为是所罗门王的作品，其中有许多以葡萄树和葡萄酒为描写对象的章节片段。在这篇谜一般深奥难懂的诗歌里，展现田园农牧风光的词语通常以共鸣的方式饱含了对爱情的暗示。在一些诗句里，寓意丰盈的隐喻被赋予了最具性象征的符号意义：

无花果树上的青果渐渐成熟，
结了花蕾的葡萄蔓散发芳香。（第二章 -13）

随后的诗句里，母亲遣她的儿子们去追那个年轻人（“狐狸”），她指控他毁坏了她女儿的贞洁（“我们的葡萄树”）：

要给我们擒拿狐狸，
就是蹂躏葡萄树的
那些小狐狸，
因为我们的葡萄树正在花蕾期。（第二章 -15）

我们还读到一个年轻女子的梦想：

我妹子，我新妇，我来到我园中；

我采我的没药和香料；

我吃我的蜜房和蜂蜜；

我喝我的酒和奶！

（齐诵）

请吃，我的朋友们；

请喝，请尽情地喝，我的亲爱的！（第五章 -1）

《圣经》并非总是对葡萄酒持褒扬的态度。在《士师记》《撒母耳记》上下两卷，尤其是《利未记》当中，有好多段落是劝阻饮用葡萄酒的。例如，关于饮用含酒精饮料的规矩，耶和华晓谕亚伦说：

《约伯书》中的场景，"最后的审判"。

"你和你的儿子们要去会幕之时，葡萄酒、烈酒皆不可喝；这样你们将免于一死。这要做你们世世代代永恒不变的律例。使你们能够将圣的与俗的、洁净的与不洁净的分辨清楚。"（《利未记》，第十章，8-10）

节选自《圣经》的段落来源于法国"口袋书"丛书在 1985 年出版的《普世译本》（法国圣经协会和塞尔夫出版社合作的译本）。

《希伯来圣经》的结构

至少从公元前2世纪起，《希伯来圣经》便已清晰地包括三部分，以及未被承认的第四部分（《次经》）。

1.《摩西五书》包括五卷经书：

《创世纪》《出埃及记》《利未记》《民数记》《申命记》。

2.《先知书》分为"前后先知书"，共二十一卷：

"前先知书"共六卷：《约书亚记》《士师记》《撒母耳记上》《撒母耳记下》《列王记上》《列王记下》；

"后先知书"共十五卷：《以赛亚书》《耶利米书》《以西结书》《欧瑟亚书》《约珥书》《阿摩司书》《俄巴底亚书》《约拿书》《弥迦书》《那鸿书》《哈巴谷书》《西番雅书》《哈该书》《撒迦利亚书》《玛拉基书》。

3.《诗文》是由多篇在内容上不同质的经文构成的一个整体，其中包括礼拜仪式经文、叙述式经文、诗意经文和哲思经文，题目分别是：《诗篇》《约伯记》《箴言》《路得记》《雅歌》《传道书》《耶利米哀歌》《以斯帖记》《但以理书》《以斯得拉书》《尼希米书》《历代志上》《历代志下》。

4.《第二经典书》或《次经》包括：

《以斯帖续本》（希腊文）、《犹底特书》、《多比雅书》、《马加比一书》、《马加比二书》、《智慧书》、《西拉智慧书》或《教义》、《巴录书》、《耶利米书信》。

最早的饮酒歌始于公元11世纪，作者是一些摆脱了教会束缚的修道士，即戈利亚德云游僧。他们是流浪诗人，放荡不羁地存在于社会边缘，纵酒作乐构成了他们生活的主题。

诗集《剑桥之歌》中自然包括盛大宗教节日上唱诵的圣歌和连祷文，但也有一些……饮酒歌！最令人惊讶的是，这个手抄本竟可以追溯至公元11世纪。这可能是莱茵河谷地区的一个戈利亚德云游诗人所作的诗歌集英文副本。

中世纪最擅长写作饮酒歌的专家正是戈利亚德僧人。他们是流浪诗人，学识渊博，摆脱了教会的束缚，存在于社会边缘，过着大快朵颐、纵酒作乐、游手好闲、甚至寻花问柳的生活。他们用拉丁文（教会通用语言）、古法语或德语写作。他们甚至对宗教圣歌进行滑稽戏谑地模仿和篡改，比如这首歌颂圣母荣光的感恩歌《甜美崇高的诵咏》被改编为：

甜美崇高的葡萄酒，
对好人极好，对恶人极恶，

《愚人船》，耶罗尼姆斯·范·艾肯绘，即热罗姆·博什（约1450—1516）。

让所有人进入温柔的梦乡；

啊，真乃世间的欢乐。

我们还可以列举这首歌，真正的面向全世界的对喝酒的呼唤！

太太喝，先生喝，

大兵喝，牧师喝，

这个喝，那个喝，

农奴和女佣一块儿喝，

勤快人喝，懒家伙喝，

白人喝，黑人喝，

坚贞的人喝，不忠的人喝，

无知的人喝，博学的人喝。

《小客栈里的节日》，扬·哈维克孜·斯泰恩（1626—1679）绘。

戈利亚斯主教不是别人，正是沃特·迈普。这个12世纪时牛津小镇的主教代理在他的《忏悔录》中回忆起“他从未背弃过、也永远不会背弃的小酒馆，只要天使们不给他唱安魂曲”，随后他大喊道：

我要死在小酒馆里；
要人拿葡萄酒靠近我衰弱无力的嘴，
为了让降临的天使齐唱：
请上帝保佑嗜酒的人吧！

神奇的《卡尔米娜·布兰娜》

饮酒歌的另一个非常有名的资料来源，就是1803年在德国巴伐利亚地区的贝内迪克特布兰本笃修道院内发现的德语手抄本《卡尔米娜·布兰娜》（*Carmina Burana*）诗稿，这些神秘的诗稿可追溯至公元11世纪。后来，慕尼黑宫廷的一位图书管理员为其另取一名《布兰诗歌》。

诗集里的两百首诗歌主要以拉丁语写成，源自整个欧洲：西班牙、法国、苏格兰、瑞士、德国……大部分都是无名氏的作品。这些诗歌表现了世俗的审美情趣，饱含了真切而犀利的讽刺，时而猛烈地批判它们所处的时代。通过诗歌，诗人抨击国家和教会滥用权力、肆意妄为，抨击权力、金钱、腐败，甚至对礼拜仪式进行戏谑地模仿和篡改。一些诗篇上标记了富有旋律性的符号（纽姆符），但却没画一条谱表线，这样的话，对诗歌的演绎就变得非常随意。

在这些诗歌中，葡萄酒营造了一种与圣人的崇高庄严形成鲜明对比的背景，并竭力渲染出一个腐朽变质的教会形象。比如，这首献给酒神巴克斯的赞歌《受欢迎的巴克斯》，具有非常强的表现力：

巴克斯是受欢迎的，所亲爱的，上帝选定的，
他使我们的灵魂变得喜悦。
如此的一杯酒，美酒，慷慨的酒，
使人变得健康、正直和勇敢。
这些皇家酒坛，耶路撒冷早已丧失，
而巴比伦王国却很富有。
强大的巴克斯说服了男人，
激发他们的灵魂去追求爱情，

如同巴克斯经常拜访女人群落，
使她们顺从于你，啊，维纳斯。
让血管浸透灼热的液体，
维纳斯的热情使巴克斯血脉贲张。
温柔的巴克斯，他平复我们的忧虑和痛苦，
他带来喜悦、欢乐、笑声和爱情。
巴克斯习惯用甜言蜜语麻痹女人的心智，
他让女人很快答应男人的要求。
对于我们无法强求做爱的女人，
巴克斯却知道如何轻易将她征服。
神圣的酒神，在让愉快的男人微醺之时，
还能让他变得博学和健谈。
巴克斯，你的光芒普照我们所有人，
我们心怀喜悦地饮用你的恩惠，
你赐予我们畅饮欢愉的盛会，
我们为你歌唱，永远夸耀你的功绩。

《只要我们在这小酒馆里》也是《布兰诗歌》中的一首与喝酒有关的诗篇：

只要我们在这小酒馆里，
就算化成了灰又有什么关系，
我们只顾狂饮豪赌，这是我们素来的渴望。
……六百个大子儿眨眼就花光，
因为我们喝起酒来肆无忌惮，
我们喝酒的心情也无比畅快。
于是有人骂我们，

夜晚的皇家芭蕾舞会：酒神巴克斯，17世纪。

但我们依然如故：
让骂我们的人见鬼去吧，
他们进不了正直者名录。

经由伍兹堡的一个旧书商，巴伐利亚人卡尔·奥夫在1934年得以阅览这部《布兰诗歌》。“这些诗篇节奏扣人心弦，语言充满比喻意象，富含元音的诗句和谐悦耳，拉丁语具有独一无二的简洁”，他被深深地打动了，他下定决心为其谱曲。

终于，他的《布兰诗歌》“情景康塔塔”于1937年6月8日在法兰克福歌剧院举行首演，大获成功，并从此经久不衰，成为永恒的经典。卡尔·奥夫也为自己的作品深感自豪，他给出版人写信说：“您完全可以把我过去写的、而您却不幸出版的所有东西一并毁掉。我此生的作品全集始于《布兰诗歌》。”作品分为三部分，另有序曲和终曲（皆为《命运女神》，让人联想到时而起伏、时而跌宕的命运之轮）。这部组曲既适合音乐会，也适合以舞台剧的形式来演绎，因为哑剧动作的随意性很大，是不受限制的。所有的旋律均属独创，因为卡尔·奥夫当时没有任何音乐信息可以参考。

整部康塔塔的旋律给人以强劲有力的印象和震撼人心的感染力，这是因为各声部不断进行重复，节奏干脆利落，简单明快，从而形成了完美的音效。第一部分“春天”，展现的是春天和阳光的回归唤醒了恋爱的激情。第二部分“在小酒馆”，让歌手——思考着他的命运的男中音介入诗歌情节的推进。其中还有对烤天鹅的怀乡之情、人类的缺陷等等的联想。随后而来的大合唱重新燃起了欢快的气氛，不知疲倦地反复多次使用了“喝酒”这个动词！最后，第三部分“爱之宫”，教导人类要好好享受尘世间的欢乐。

由打击乐器、不同的音色和旋律重复所营造出的音效、雄浑有力的大合唱、格里高利圣咏式的作曲结构、德国民间的舞蹈形式、欢快喜悦的合唱旋律，正是这些因素造就了这部作品的成功，使其享誉世界，得以在全球范围内巡回演出。

阿拉伯、波斯以及土耳其诗人的作品中赞颂葡萄酒的诗歌

虽然伊斯兰世界中严禁饮酒，不管清酒还是烈酒，但这并未阻止酒神诗歌在这片土地上灿烂地发展。酒神诗歌萌生于公元7世纪的倭马亚王朝期间，随后经历了阿拔斯王朝一直到公元13世纪，之后在奥斯曼帝国的统治下继续发展。阿拉伯、波斯以及土耳其诗人都进行过酒神诗歌的创作。

应该说葡萄树拥有非常古老的起源，可追溯至伊斯兰教诞生很久以前。

葡萄树生长在麦加城以南，塔伊夫城的山冈上。沙特人在这里酿制葡萄酒，同时也从叙利亚进口葡萄酒。在盛大节日期间，商贩们会支起许多宽大的帐篷，俨然流动的小酒馆，招牌很醒目，一眼就辨认得出来，在这儿，可以喝到最好的葡萄酒……或者最差的！皮肤黝黑的诗人安塔拉还曾明确说过，那些好葡萄酒卖得很贵。

《古兰经》中，真主对天国里行善的信士许诺，"一定赐予他们尘封多年的芬芳的美酒喝"。公元6世纪时，信士阿米尔·伊班·库图姆在开篇即唱道："请你醒过来，用你高贵的酒杯，为我们斟满来自艾尔昂达兰（El-Andarin，现位于叙利亚）的美酒吧。那金色的葡萄酒使我们变得慷慨，当水掺入其中，它便在杯中闪烁着光芒，飘出酒香，为饮酒人驱散烦恼和忧伤。"

奥马尔·哈亚姆是公元11世纪末的波斯诗人和数学家。在他的四行诗集《鲁拜集》中，他向一个年轻人夸赞葡萄酒、歌曲和爱情的好处：

放弃吧，
放弃这世间的一切：
财富，权力，荣誉。
莫要踏上任何一条
不引你向小酒馆的路。
无所求，无所念，
除却美酒，诗歌，
音乐，爱情！
……快喝金色的美酒吧！

它是灵魂唯一的休憩所，
是受伤的心无与伦比的抚慰剂。

伊本·阿拉比1165年生于安达卢西亚，1240年卒于大马士革，被认为是最伟大的苏菲派教徒。他在《灼热欲望之歌》中如此写道：

面纱为你斟酒，快乐地喝掉它吧，
然后倾听回响在远方的歌声。
这美酒源自亚当，
它真真切切见证了天堂。

最后，埃及神秘主义哲学家，13世纪苏菲教派诗人，奥马尔·伊本·法里德在他的诗作《酒之颂》里这样写道：

它在小酒馆里等你，
去发现它的华彩吧，
伴着音乐捧起酒杯；
因为和它在一起，
音乐仿佛一件主动献身的战利品。

自1220年起的一百多年间，法国一直是世界教育和文化的中心。这一辉煌时期留存下来许多关于葡萄树和葡萄酒的非常美丽动听的歌曲。

在巴黎圣母院编纂的一部手抄本中，有这样一首未署名的拉丁语诗歌《在贫瘠的农场》（In paupertatis predio），描写了圣·弗朗索瓦·达西兹（Saint François D’Assise）辛勤谦卑地劳作，满怀爱意地栽培葡萄和无花果，这些水果象征了他致力于拯救“有缺陷的灵魂”的献身精神：

在他那贫瘠的农场上，
弗朗索瓦栽种了葡萄树。
在无花果树和百合花面前，
荆棘退却，不再丛生。
心灵纯洁无瑕，
他治愈了罪恶……

“滑稽小曲”是一种可溯源至复调音乐伊始（13世纪）的经文

《年轻人咿呀乱叫，老年人凝神歌唱》，雅各布·约尔丹斯（1593—1678）绘。

短歌，出现在蒙彼利埃和德国班贝格小城的手抄本上，是又一个提及了葡萄酒的歌曲例子。短歌谈论了宫廷生活、受阻挠的爱情、肥滋滋的阉鸡肉、掷骰子游戏……还对法国酒和莱茵河酒各自的优点做了一番比较："我要证实法国葡萄酒胜过莱茵河的葡萄酒。"

《褐驴传奇》，作于1316年，是一部语言犀利毒辣的诗歌集，批判了腓力四世（美男子）国王的宫廷，其中包括一首写葡萄酒的三声部古法语诗歌《必须喝好酒》：

必须喝好酒，

劣酒丢一边，

然后大家齐唱歌，

我唱歌时要喝酒。

不过，最美的描写葡萄酒的歌曲是在15世纪被创作出来的，作者通常是一些受勃艮第公爵宫廷热情款待的法兰克－弗拉芒地区的音乐家。

例如，出生在皮卡第大区的纪尧姆·迪费，1426年写作了《永别了，拉努瓦的美酒》，歌中抒发了他离开祖国前往意大利而怀有的思乡之情。我们不知道，这里的拉努瓦指的是位于拉昂地区、拥有一大片葡萄园的拉努瓦市，还是指靠近里尔、葡萄种植业一直持续到15世纪的小城拉努瓦：

永别了，拉努瓦的美酒，

永别了女士们，永别了老乡们。

永别了，我最心爱的人儿，

《三个音乐家》，堂·迭哥·罗德里奎斯·达·席尔瓦·伊·委拉斯凯兹（Don Diego Rodriguez da Silva y Velasquez，1599—1660）绘。

《酒是嘲笑者》，老弗朗斯·范·梅里斯（1635—1681）绘。

永别了，令人愉快的时光，

永别了，所有可爱的伙伴。

大概是15世纪60年代末期，卢瓦塞·孔佩尔曾在勃艮第公爵宫廷逗留过一段时间，后来他返回了意大利，之后他又前往法国国王的宫廷。他写过一首精巧美妙的经文歌《安静吧，众人的喧嚣》，表现了参加过大型盛宴之后的些许“疲惫”：

安静吧，众人的喧嚣，让我们唱歌、品评我们的曲调。……现在应该去到泉水池边，在那儿，酒神端坐宝座上：但愿清水能让位于葡萄酒的溪流。

他还曾模仿改编过一首宗教乐：“我们来自圣·巴布伊（Babouyn）修会”。这是查理六世统治时期真实存在过的酒徒协会。Babouyn 有“傻瓜”的意思：

修会不让早起，
让一直睡到早课时分，
还让喝好酒，
叮当叮当叮当……
对着一坛酒做晨祈。

来自小镇卡奥尔的诗人克莱芒·马罗在“第 32 首歌”里，从古希腊罗马神话中取材，夸赞葡萄藤的功绩：

……火神伏尔甘，是诸神的铁匠，
他为上天铸造了锋利的砍刀，
用的是浸过陈年美酒的精钢，
诸神砍柴更有力也变得更骁勇；
酒神夸赞砍刀，说它很好用，
非常适合送给好人诺亚，
让他在这个季节收葡萄。

《巴约手稿》（*le Manuscrit de Bayeux*）是一部诗集，现保存在法国国家图书馆，该诗集包括一百多首 15 世纪的民间歌曲，还有几首写葡萄酒的歌。这是首次在音乐诗集里发现有法国民间歌曲。这部手稿既刻画了被扣绿帽子的丈夫，也描写了妻子的狡猾，还展现了战争带来的痛苦。第 15 首歌《一起喝吧，婆娘们》讲述了三个太太的故事，她们本来互相约定不再喝酒，可最终还是没管住那张嘴！

一起喝吧，婆娘们，我们并没喝一点酒。
太太们相互说：没错，一点点，刚刚好；
我们得吃点精致的东西，我们什么都不做。
一起喝吧，婆娘们，我们并没喝一点酒。

第 63 首歌《美酒，我怎能抛下你》是一首向酒表达爱意的歌：

美酒，我怎能抛下你：
我给了你我的爱，
哦喂！
我给了你我的爱，
你经常为我解渴。

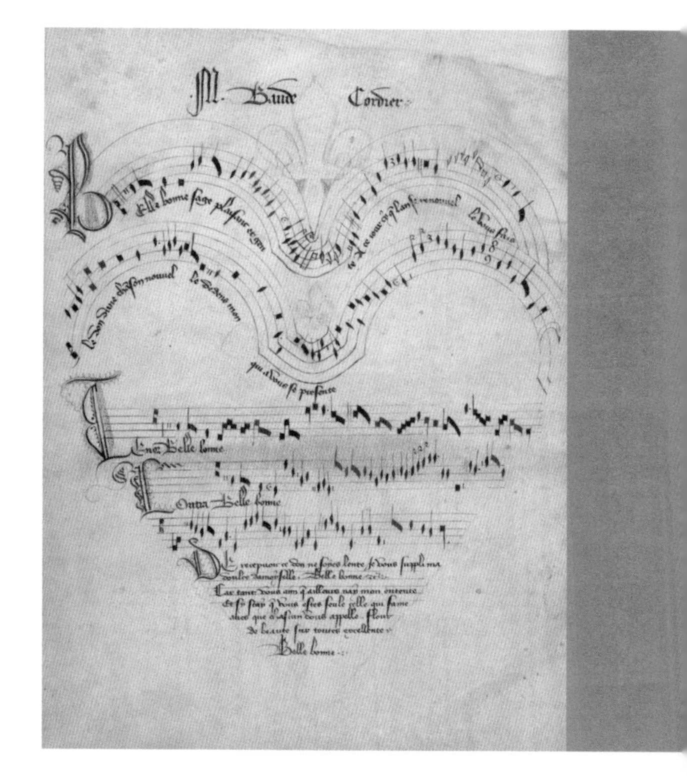

《歌谣、短诗和歌曲集》，柯尔迪埃·博德作，15 世纪。

在副歌部分，作者为制造滑稽效果，使用了一些象声词，通常是为了刺激拉车的牲畜而大声叫嚷的象声词（哦喂！哎喂！）

第 11 首歌《让这些疯子一直快乐下去》的旋律让人想起格里高利圣咏的开头调子（re-la，la-do……）。不过，这可真的是一个整天泡在小酒馆里喝酒的牧师写的歌！而且需要注意的是，在这个牧师艳羡的目光下，还有一只正在被烧烤的鹅：

我进了我的邻居家，
他家烤着一只鹅，
我坐在火边喝着酒，
拿起烤鹅滴油盘，
我用手指蘸了蘸，
然后舔了舔。

没有比葡萄酒更好的药

奥利维耶·巴斯兰于英法双方激战正酣的 15 世纪创作的《滑稽饮酒歌集》，使他这个诺曼底人俨然成为了饮酒歌之父。比如这首《就在我们的围墙四周》，滑稽可笑地请求敌人“救救酒桶”：

就在我们的围墙四周，
敌人正在猛烈进攻。
救救我们的酒桶吧，我求你们了！
不如把我们抓走吧，你们这些当兵的，
再拿走所有你们想要的东西。
救救我们的酒桶吧，我求你们了。

早在巴斯德之前，奥利维耶·巴斯兰就在他这首杰出的歌曲《没有比葡萄酒更好的药》里，赞扬过葡萄酒的药用功效：

据我懂得的医学知识，
我还没找到哪一种药，
能比那酿出葡萄美酒的
高贵的葡萄树还要优秀。
药剂师开给我的药，
根本不如这美酒，
让我的血液健康，
让我的心情愉悦。
别给我拿山扁豆泻药，
无需再往医生那里跑，
用葡萄酒盛满我的酒杯，
足以让我的身体变更好。
有人给我开了张药单，
我将喝到奥尔良的酒，
这个药方于我很有益，
医生们都是老实人。
我不要鲜奶也不要水果，
我对它们没什么爱好，
但我愿以我继承的遗产，
来换取这令人愉快的葡萄酒。
哦！让嘴和这美酒分离，
该是多么痛苦的事啊！
我嫉妒所有那些
手里的酒杯还是满满的人。

外科医生昂布瓦兹·巴雷的假想肖像，力求复制皮埃尔·拉纽的风格，绘于17世纪。

当然，并非只有法国音乐家写作葡萄酒赞歌。比如，西班牙人胡安·庞塞在1495年左右根据一首民间歌曲写了《浅葡萄酒的颜色啊》。歌曲口吻饱含敬意，甚至让人联想到一部神圣剧：

啊喂，浅葡萄酒的颜色，

无与伦比的滋味，想要使我们陶醉。

但愿它无所畏惧地变成餐桌，上面摆放葡萄酒。

幸福的肚子被你填满，

幸福的嗓子被你润湿，

幸福的嘴巴被你清洗。

让我们歌颂美酒，让我们赞扬酒徒。

让不喝酒的人永远哑口无言。阿门。

当我喝了淡红葡萄酒

16 世纪在葡萄树和葡萄酒颂歌方面也是颇有成果的。

巴黎印刷商皮埃尔·阿泰尼昂出版了非常多这类歌曲，比如这首无名氏作的四声部歌曲《白的和淡红的》（第十卷，1541 年）：

白的和淡红的

是我最喜欢的

葡萄美酒的颜色。

《嗨，男孩》（《36 首音乐诗歌》，1530 年）赞扬了葡萄种植者使用的工具的高贵：

嗨，男孩，善良的葡萄种植工，

带上小截枝刀，还有小拖把，
它让酒桶保持清洁，
是所有工具中最高贵的。

《葡萄树，可爱的小葡萄树》被认为是作曲家克洛德·德·赛尔米西的作品，也是阿泰尼昂出版的。为了分别配合鲁特诗琴、古提琴和羽管键琴的演奏，有不同版本：

葡萄树，可爱的小葡萄树，
种植你的是个有智慧的人。
当我经过你的身边，
我仿佛闻到乳汁的芳香。

克洛德·德·赛尔米西以他的四声部歌曲著称，他还是《哦喂，我喝酒》的作者：

让我们祈求上帝，王中之王，
照看这可爱的法兰西葡萄酒。
为了让嗓子更清亮，
我们喝六坛而不是三坛，
想喝多少就喝多少。

《当我喝了淡红葡萄酒》这首著名的图尔迪永低步舞曲，最初只是16世纪一部非常流行的器乐组曲。1949年，塞萨尔·若弗雷为其填了词。若弗雷是合唱运动“致喜悦心灵”的开创者。在舞曲中，他使用了尽可能多的16世纪饮酒歌：

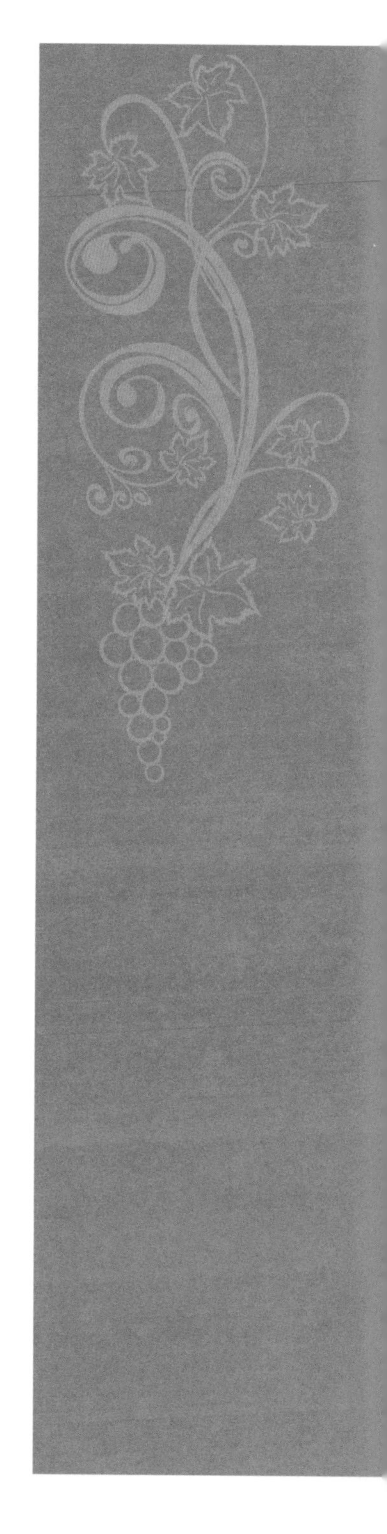

当我喝了淡红葡萄酒，

朋友们都转啊转啊转啊转。

因此今后我喝安茹或阿尔布瓦，

我们唱啊，喝啊，为这小瓶酒而战，

我们唱啊，喝啊，朋友们，一起喝吧！

有时，16世纪的作曲家会把古代歌曲拿来进行改编。例如，罗兰·德·拉苏、让·卡斯特罗和雅克·阿尔卡代将一首伟大的中世纪经典作品《啊，酿葡萄酒的葡萄园》重写成了四声部复调歌曲：

从泥土地变成葡萄园，

看啊，美丽的葡萄园！

美丽的酿葡萄酒的葡萄园，

看啊，美丽的葡萄园。

到了19世纪末，这首歌被阿里斯蒂德·布吕昂在蒙马特夜总会里演唱过，甚至在1947年还受到了国家教育部的推荐！

这首歌几乎闻名于所有地区，尤其在民间还流行着非常多的变体：有的以“让我们种植葡萄吧”开头，有的则连绵不绝地排列相同的句式，“从叶子到花朵”“从酒桶到地窖”……直到以“从酒壶到杯子”结束。

甚至声名显赫的皮埃尔·龙萨也为葡萄酒作出了贡献。被誉为文艺复兴时期法国的诗人王子，龙萨也写过一些赞美故乡图兰的葡萄酒的诗歌，比如这首《致酒神的疯狂之歌》：

我听见铙钹锵锵响，

歌儿唱起来：呀吼嘿！
我狂热地爱着酒神节，
还有号角的嘶哑声。
朋友，不停地喝吧，
酒能驱散你的烦恼；
愿记忆中不再有烦恼。
来吧，所有人一起喝吧。

忽然升腾一种喝酒的欲望，我抚摸着酒桶……

诗人克洛德·德·马勒维尔是巴松皮埃尔元帅的随从，他作《饮酒歌》反对红衣大主教黎世留，宣告了17世纪的来临：

当我们手中握有一杯酒，
我们便叫世上所有最强大的人
弯曲膝盖臣服于我们。
我们的情人更加顺从，
而且我们更加认为
那些名流并不如我们显贵。
喝吧，达芙妮女神，为了所有人：
高脚杯中这闪亮的饰物，
由卓越不凡的奇迹做成；
它能感动凶残的灵魂，
把大自然变得更加美丽，
还能让我们看到两个太阳。

自1610年起，复调歌曲让位于“宫廷曲”，比如这首由法国鲁特诗琴演奏家及作曲家加布里埃尔·巴塔耶作的《想赶跑偏头痛的人》：

想赶跑偏头痛的人，
没有好东西喝怎么行，
给餐桌摆满香肠和火腿，
可水却只能让心肺衰竭。
喝酒，喝酒，喝酒，
伙伴们，一齐喝酒吧，
喝光了这杯，我们再灌满。

在和酒神有关的歌曲方面，统治17世纪的是亚当·比尤，“亚当大师”这个称呼更为出名。他来自小城讷韦尔，是个手艺娴熟的细木工匠。在路易十三统治的最后几年里，他被皇室显贵召入家中，不是因为他作为手工匠的才能好，而是由于他在声乐方面的天赋优。

1644年，他发表了第一部诗歌歌曲集《脚踝》，1662年他去世，留下未完成的第二部作品。他的饮酒歌很有名，而且深深启发了18世纪的法国小调歌手。

短歌《我们要离开这吝啬的关怀》在很长时间里一直为人津津乐道：

我们要离开这吝啬的关怀，
时间这个刽子手给予的关怀。
它用一把残忍的铁器，
为我们把坟墓挖掘。

《伟大的亚历山大进入巴比伦城》或《亚历山大的胜利》，夏尔·勒·布朗（1619—1690）绘。

我们不再有别的愿望，

只想赞颂酒神的荣光，

在生命逝去之时，

丧失所有的钱币。

亚当·比尤在描写种植葡萄的风景时，也不忘表现自己的诗人才华：

阳光普照大地，

山坡被染成金黄，

忽然升腾一种喝酒的欲望，

我抚摸着酒桶……

他还写作了一首回旋歌，给一个患坐骨神经痛的朋友提出了很多好建议：

病痛把你扣留在床上，

好似瘫痪一样，动弹不得。

为了治愈这个坐骨神经痛，

快拿来两罐上等的葡萄汁。

读一读怎么使用它们：

将两根发烫的手指浸入罐中，

再抹到折磨你的疼痛处，

然后快速喝掉剩下的酒，

为了治愈你的病……

最后，怎能不提起号称“萨瓦人”的菲利波？这个快活的盲诗人，生于1575年，在巴黎新桥上安装萨玛利丹水泵的地方唱了很长时间歌。历史学家克洛德·杜纳东认为他是“第一个流行歌曲明星”。他用歌声颂扬“好吃的”和“好喝的”，很多小调歌手从他的歌里获取了灵感，像帕纳尔和皮隆，以及后来的布拉森和波比·拉普安特。1665年，在他去世前五年，他的歌曲被结集出版（尽管有一些编码和文字上的错误），名为《萨瓦人新歌集》。

他歌颂葡萄酒的保留曲目很庞大，以这首《我们要驱逐这群疯子》开始：

……我们要驱逐这群疯子，
对生活满怀抱怨的疯子。
让我们尽情欢乐，
来吧，都来喝酒吧。
（重复唱）
我们来晃晃下巴，
我们来晃晃颌骨，
我们一定喝得好，
只要我们心情好。

在《想要信条的人只会大吹大擂》中，他表明对葡萄酒的喜爱便是他灵感的源泉。歌里所说的“信条”自然指的是教会的信条。这首歌在17世纪60年代非常流行，广为传唱：

想要信条的人只会大吹大擂。
对于蒲丽娜的言论，
还有那么多各种各样的书，
我不予理睬，一笑了之。

一个酒徒的灵魂超越了它们，
因为他能文善诗，比得过
帕尔纳斯山上的缪斯女神。

菲利波在《当一个好人醉了》里，甚至还描写了葡萄酒的功效：

……他凭经验弄清楚了
酒瓶和火腿的中心和圆周，
他嘲笑那些学究。
他在一个小酒瓶里，
平息了他的烦恼和担忧。

他在《你们别惊讶》这首歌里，解释了他如何产生了对葡萄酒的爱：

你们别惊讶，
如果我视葡萄藤为珍宝，
如果我每餐都要喝酒。
我的奶妈对我说，
当我还小，还是个孩子，
有人拿来一个酒桶，
给我当摇篮。
奶妈一清早要去照看她的酒，
在酒窖里，
她任凭我的襁褓掉在地上，
还有我的小拨浪鼓。
她给我吸吮的是

从那时起，

从那时起，我就根本不想喝的乳。

尽管他是个盲人——也许正是由于他无节制地饮酒而导致了失明，但菲利波却是个非常有学问的人，他对古希腊罗马神话和古代历史都很了解。例如，他提及了“战神亚历山大大帝”的故事，并且肯定地说，全靠葡萄酒的助力，亚历山大才征服了大地：

如果他不爱葡萄酒，

他不会取得那么多胜利。

《小酒馆里面：手拎酒壶的舞者》，高奈里·杜萨尔（Cornelis Dusart，1660—1704）绘。

在《为了看起来像恺撒》里，他甚至泄露了阿基米德的药方：

……阿基米德的药方

就是喝葡萄酒，

让他的灵魂变得神圣。

拉伯雷作品中的葡萄酒与音乐

作为16世纪人文主义思想和学说的开创者和宣扬者、神甫和医生，拉伯雷对酒和音乐推崇至极。高康大出生时的第一声哭喊难道不是"喝啊！喝啊！"吗？而且毫无疑问，他要喝的绝对不是奶！

在《巨人传》第二十七章里，约翰修士为保护修道院里的葡萄园而殚精竭虑。实际上，他发现了有敌人正在"收割葡萄园里的葡萄以获得他们可以享用全年的饮料"。他立即赶往教堂，对着正在祭坛上合唱的僧侣们大喊："唱得真他娘的好啊，上帝的美德，你们怎么不唱：永别了篮筐，葡萄已经被摘光了。"当修道院院长要把他关禁闭以惩罚他扰乱日课时，约翰回答道："……就说您，院长先生，您也喜欢喝葡萄酒，还喜欢喝最好的。从来没有一个高尚的人讨厌美酒：这是修士的一条箴言。"

音乐在青年高康大的教育中一直占据着非常重要的地位："在乐器方面，他要学习鲁特诗琴、小型长方羽管键琴、竖琴、阿莱芒九孔长笛、古提琴，还有大喇叭，等等。"（第二十三章）

这是因为，拉伯雷不仅是葡萄酒的爱好者，还是一个高水平的音乐迷，精通多种乐器。他使用了许多专业术语，提及了大量歌曲和舞蹈，甚至还暗讽过宗教仪式音乐。

比如在《第四卷》的序言中，拉伯雷就列举了一份很长的名单，囊括了那个时代各保留曲目的代表性作曲家，这足以证明他具备非常好的音乐学知识。他还将这些作曲家分列入两组：

—以约斯坎·德普雷为代表的15世纪末至16世纪初的一代音乐家。

—以克洛德·德·赛尔米西为代表、作品由出版商阿泰尼昂于16世纪20年代在巴黎和里昂出版的其他音乐家。

著名的高康大。

葡萄酒是抒情艺术里惯用的对节日的隐喻，通常在紧张的戏剧性时刻之后，用葡萄酒来缓和气氛。它也可以通过形态的变化扮演一个重要角色，变成有操控力的工具、死亡的象征，或者坦白地说……爱情媚药！

美酒万岁，冥神普鲁托万岁！

在以古希腊或古罗马神话为题材的歌剧中经常会引入酒神、葡萄树或葡萄酒的内容。

例如，拉莫的《普拉悌》（Platée）开篇即是采摘葡萄的场面：农夫们忙碌着，小车上载满了新鲜的葡萄，还有林神萨蒂尔和酒神女祭司的出现。歌剧中，人们称赞并歌颂酒神。故事最后，神王朱庇特和天后朱诺不顾可怜的普拉悌受到的伤害而言归于好时，竟再度夸赞起酒神来："这是你的胜利，让我们沉浸于喝酒的快乐吧。"

理查德·瓦格纳的歌剧《唐豪瑟》以维纳斯堡的景象开场。成群结队的酒神巴克斯女祭司在街上溜达，步伐尽显醉态，举止也越发放荡不羁。“爱情”化身为一种像极了葡萄酒的神奇液体，此时维纳斯对唐豪瑟说：“在我嘴唇之间，在我眼睛里，为你流淌着，神圣的琼浆。”

后来，女神试图诱惑年轻的诗人，让他重返她的王宫，她说：“来品尝永久的迷醉吧……”但唐豪瑟宁愿死在他心爱人儿的灵柩上。

另一个著名的酒神女祭司出现在作曲家卡米尔·圣桑的歌剧《参孙与达莉拉》里。业已失明的参孙，受尽了轻蔑，腓力基人拿他当玩物，围着他跳舞。然而他重获最后的力量，推倒了神殿的柱子，神殿轰然坍塌，他和所有令他陷此惨境的敌人同归于尽。

在他如仙境般美妙的歌剧《地狱里的奥尔菲》中，雅克·奥芬

歌剧《唐豪瑟》的场景，亨利·方丹·拉图尔（1836—1904）绘。

巴赫利用这个神话故事，实现了对拿破仑三世宫廷尖锐毒辣的批判。在第四幕的终曲里，奥林匹斯山和地狱的诸神聚在一起举办盛大的宴会：他们头戴花冠，喝得不亦乐乎。冥神普鲁托（Pluton）无论去哪儿都带着一瓶塞浦路斯陈年葡萄酒，一个野猪头和一个火种瓶！宴会刚开始不久，奥尔菲便来找他的妻子尤丽狄丝，可尤丽犹丝看上去却并不想跟她丈夫走，甚至还唱起一首酒神赞歌：

美酒万岁，普鲁托万岁！
这陈年的美酒
让这群神无法自拔，
他们齐声歌颂
头戴铁冠的上帝！
他珍爱的住所
将是我们的故乡。
愿我们懂得生命，
朋友们，这是在地狱！
美酒万岁……

当奥尔菲转过身去，朱庇特把尤丽狄丝变成了酒神女祭司，歌颂葡萄酒的荣光：

啊！啊！酒神，
我轻浮的灵魂，
无法为自己带来
在世间的幸福，
我向往你，
神圣的巴克斯！

LA FLÛTE ENCHANTÉE.

N° 94.

Fanchonnet, le héros de mon histoire, était originaire d'un petit pays agréablement situé sur les bords de la mer. A son arrivée dans le monde il fut l'objet des soins et de la sollicitude d'une fée charmante, qui veilla sur son enfance jusqu'à l'âge de quinze ans.

Mais à 16 ans Fanchonnet se croyait homme, il quittait fréquemment la maison paternelle pour faire de longues promenades, aussi arriva-t-il, qu'un jour, surpris par des pirates il fut conduit à bord d'un vaisseau, qui faisait voile pour Constantinople.

Arrivé dans la capitale de l'empire turc le petit Fanchonnet fut présenté au Sultan. Ce grand seigneur l'accueillit favorablement et pour lui donner une preuve de sa sympathie pour les étrangers il l'envoya garder les brebis du sérail.

Fanchonnet qui était intelligent, tout en gardant ses troupeaux s'était fait un instrument de musique, dont il tirait de très beaux sons. Il eut même l'avantage d'attirer un jour l'attention d'une sultane qui se trouvait à passer sur ses terres. La sultane était belle, il la suivit.

L'odalisque resta pétrifiée de tant d'audace, mais après une courte explication ils reconnurent qu'ils étaient du même pays et la jeune française, qu'on appelait fleur-d'automne promit à son jeune compatriote une position plus agréable. La jeune fille tint parole.

Fanchonnet fut introduit mystérieusement dans le palais de son altesse. On l'habilla en musulman pour le présenter au Sultan comme un musicien de grand savoir. Grâce à fleur-d'automne Fanchonnet fut bientôt métamorphosé en turc.

Mais seul en présence du Sultan Fanchonnet perdit un peu de son assurance, mais il se rappela les encouragements de son amie en prenant courage il siffla tant bien que mal son plus joli air mais, chose étrange, le grand seigneur s'endormit à la 2e note.

Il y avait dans le sérail un perroquet qui avait entendu la musique et que la musique n'avait pas endormi. Le bel oiseau répétait d'un bout à l'autre le grand air. Le Sultan en fut informé il eut de noirs soupçons ce qui lui occasionna une colère digne de lui.

Il supposa que le musicien avait été appelé par les odalisques et qu'en dépit des ordonnances il était arrivé jusqu'à elles. Cette supposition le rendit furieux, il appela son grand justicier et ordonna l'arrestation de l'artiste. Fanchonnet se trouva pris.

Depuis huit jours il était en prison le pauvre diable et de l'humanité entière il n'avait vu qu'un noir geôlier. Cependant oubliant un moment sa captivité il lui prit fantaisie d'essayer sa flûte. Mais à la première note qu'en sortit la porte s'ouvrit.

Il s'enfuit vers fleur-d'automne, qui se concerta avec lui pour aller demander grâce au Sultan. Celui-ci ne voulut rien entendre et par mesure de précaution contre le pouvoir de la flûte il fut décidé que Fanchonnet occuperait une chambre contigüe à celle de son altesse.

Fanchonnet savait donc qu'une porte seule le séparait du Sul[tan]
il se rappela la puissance qu'avait sa flûte et un jour que fatig[ué]
de sa captivité il songeait à se faire libre, il se hasarda à jeter qu[el-]
ques sons, qui devaient aller jusqu'au Sultan par le trou de la serru[re.]

La flûte produisit son effet, le Sultan ainsi que le soldat qui veillait près de lui s'endormirent aux sons de l'instrument enchanté et une fois encore le malheureux Fanchonnet put espérer de revoir un jour le sol chéri qui l'avait vu naître.

Cette fois il ne fut plus question d'aller trouver le Sultan les deux amis prirent la fuite. Fleur-d'automne, qui connaissait les habitudes du pays trouva un indigène qui moyennant une certaine somme consentit à entreprendre un voyage pour la France.

Les deux captifs une fois à bord firent des réflexions sur la sagesse et la nécessité où sont tous les enfants d'obéir à leurs parents et de ne quitter la maison que sur leur autorisation, quand ils arrivèrent en vue des côtes de France, les résolutions étaient prises.

Les deux fugitifs une fois débarqués coururent à l'habitation du pè[re]
Fanchonnet, celui-ci vivait encore, mais sa femme était morte de chagri[n]
l'absence de son fils. Il retrouva une sœur, qui avait grandie et Fancho[nnet]
fut heureux de lui présenter fleur-d'automne comme sa future femme.

Lith. de Fr. Wentzel à Wissembourg — Déposé — DÉPÔT chez Vve Humbert rue St Jacques, 60 PARIS.

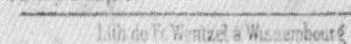

《魔笛》，19 世纪。

请接受女祭司的我，
我愿不停地为你的选民
歌唱那酒醉神迷。

批判是严厉的：尤丽狄丝，古代的神，竟成了酒的附属品！

波兰作曲家卡罗·舍曼诺夫斯基的《罗格王》展现了存在于我们每个人身上的各种倾向之间的对立冲突：狄俄尼索斯式灵感激情的和阿波罗式沉着稳健的，世俗的和基督教的。在这部20世纪的歌剧里，一个神秘的牧羊人——实际上是酒神狄俄尼索斯，将罗格王的所有亲属都引诱到了自己的身边，让罗格王落得形单影只。

最后，怎能不列举在作曲家理查德·施特劳斯的《阿里阿德涅在纳克索斯岛》里酒神巴克斯抵达纳克索斯岛上威严壮观的场面？1942年，在《关于我的早期歌剧的回忆》中，施特劳斯表示，他以莫大的快乐写作了这一作品，并且毫不费力，但为了突显酒神巴克

《巴克斯和阿里阿德涅》，热拉尔·德·莱雷斯（Gérard de Lairesse，1641—1711）绘。

斯的场景，室内乐队被缩小，这无法满足他“狄俄尼索斯式激情的欲望”！

在你我的酒杯中，沉入所有思想

歌剧中的葡萄酒可以是欢快的，比如在莫扎特的《魔笛》里。就在塔米诺离开帕米娜的时候，帕帕杰诺因为没去参加入教大会，心里感觉很轻松。他唯一要求的事，就是葡萄酒要像被施了魔法一样立即突然出现。这使他心情愉快，尽管后来他为此不安：“自从我品尝了这酒，自从我见到那美丽的姑娘，我的心便开始在胸中燃烧。”

同样，在《女人心》里，莫扎特将葡萄酒表现为一种绝对的却转瞬即逝的快乐，真正的忘情水，就像费奥迪莉姬、多拉贝拉和费朗多歌唱得那样：

> 在你我的酒杯中，
> 沉入所有思想，
> 还有过去所有的回忆。

当埃克托·柏辽兹在58岁写作《贝阿特丽丝和贝内迪克特》时，他已经被疾病折磨得衰弱不堪。但这却是他的抒情作品里最轻松、最欢快的一部，其中有表现葡萄酒的绝妙的一幕。柏辽兹的灵感来源于莎士比亚的喜剧《无中生有》，不过索玛罗纳小教堂神甫是莎士比亚原作中不存在的人物。第二幕开始时，这位神甫朗诵了一首歌颂西拉库斯葡萄酒的饮酒歌：

西拉库斯葡萄酒

为我们的西西里岛

赋予了极大的热情。

万岁！如此有名而细腻的酒。

但对酒徒的灵魂和心灵

尽显温柔的最高贵的火焰，

却是产自玛萨拉山坡葡萄藤上的

朱红石榴般的液体。

谁有！

罗西尼的《奥利伯爵》也是一个表现快乐葡萄酒的例子。当年轻的伯爵和他的朋友成功进入城堡去引诱美丽的阿黛尔时，他们以一种有感染力的欢快情绪表达了他们找到葡萄酒的喜悦。但他们的努力不会得到回报，因为他们最终将被揭穿！

以同样的创作思想，路易·瓦奈在《修女院里的火枪手》里，讲述了潇洒快活的火枪手装扮成僧侣潜入圣于尔絮勒修女院。他们受到了修女们热情的款待：

醉了，我醉了，这的确很有可能，

可是错在那些善良的修女，

用温柔填满我的心房，

对此我十分感动。

一条虹鳟鱼配上玛萨拉极品陈酿，

外加一块火腿，

我诚心地用最贵的上等波尔多酒

给这些美食做洗礼。

为了吃完龙虾，

钢琴周围：阿道夫·朱利安、亚瑟·布瓦索、埃玛努尔·夏布里埃、卡米耶·本努瓦、埃德蒙·麦特尔、安东尼·拉斯库、樊尚·丹第、阿枚狄·比茸，亨利·方丹·拉图尔（1836—1904）绘。

我慷慨地为其浇上香贝丹酒和玻玛酒。
我看到餐桌上摆的都是最优质产区的最优质葡萄酒，
西西里的酒和西班牙的酒，
慕斯卡黛、波尔多、玛贡、香槟。

但是，若要论最能体现葡萄酒在歌剧中重要地位的最美丽画面，当然要在多尼采蒂的《爱的甘醇》里寻找，这是作曲家根据菲利斯·罗马尼的一个歌剧脚本创作的。年轻的奈莫利诺想让美丽的阿狄娜喝下的这一琼浆玉露不是别的，正是……波尔多葡萄酒！当奈莫利诺恳求巫师杜勒卡马拉卖给他能让心上人爱上他的灵药时，巫师谨慎地对他说：“这是波尔多酒，并非什么灵药。”然而，正是这酒即将改变事情发展的进程，让阿狄娜明白，奈莫利诺真的爱她，尽管她和军曹贝尔克莱订有婚约。其实，贝尔克莱也非常爱好葡萄酒：

“我心中的神物永远是爱情和酒。

女人和酒杯使人忘却所有忧愁。”

最终，这一灵药声名大振，村民们竞相购买，最得意的当然是狡猾的杜勒卡马拉。

埃玛努尔·夏布里埃的《无益的教育》探讨了路易十六治下一位年轻贵族的教育问题。其实他的家庭教师什么都教了他……除了最根本的东西，那就是，洞房花烛夜该做什么！这个家庭教师名叫保萨尼亚斯，他充分享受节日的欢乐，高唱鲁西荣葡萄酒的赞歌：

它是高贵的酒，

我先喝了一杯，

随后又喝了第二杯，

可我越喝越口渴，

我想，这就是为什么，

为什么我又喝了第三杯！

……嘿！好好好好，好酒，多好的酒啊，

我可爱的小鲁西荣！

在儒勒·马斯奈的《圣母院的行吟歌手》中，当约翰来到克卢尼广场上的时候，他还是个经常食不果腹的穷人。他唱着《哈利路亚，葡萄酒颂歌》，聊以自慰：

葡萄酒是天主圣父……

不要喝水，那是有害于身体的饮料……

因此，当看到神甫保尼法思骑着驮满了食物和葡萄酒的驴子抵达克卢尼时，约翰是那么渴望进入修道院。更有甚者，这位好心的神甫还给他运来的葡萄酒做广告：“这是玛贡。”约翰根本经不住诱惑，说：“我要喝好酒，我要吃肥肉”，可最终他还是很可怜，因为他不认识拉丁文，所以他只能随便吃点喝点，却喝不到好酒，也吃不到肥肉！

马斯奈在《维特》里也引用了葡萄酒。大法官先让他的六个孩子唱了首歌，而后自己也唱了一段庆酒歌的副歌部分，来表达他和朋友们一同出行的喜悦：“巴克斯万岁——永远万岁！”在小酒馆里，朋友们一起唱歌、喝酒、赞颂葡萄酒。

在表现葡萄酒能带来欢乐和喜悦这方面，雅克·奥芬巴赫的轻歌剧同样具有代表性。例如，《特蕾碧兹欧德王妃》中有一首歌颂希腊马尔瓦齐葡萄酒的赞歌，而《海棠果》则高喊：“酒杯在手，让我们给魔鬼送去悲伤和忧愁。”

由于《灯笼下的婚礼》中的一首感人肺腑的饮酒歌大获成功，奥芬巴赫得到拿破仑三世的准许，将这部演员逾两百人的歌剧搬上了舞台：

> 快啊，快啊，快啊！
> 喝啊，喝啊，喝啊！
> 若上帝不准我们喝酒，
> 他怎会酿如此美的酒？
> 不，不，不，不，不！

轻歌剧的诞生，让已经厌倦了无聊的喜歌剧的资产阶级，无比陶醉地发现了新的乐趣。

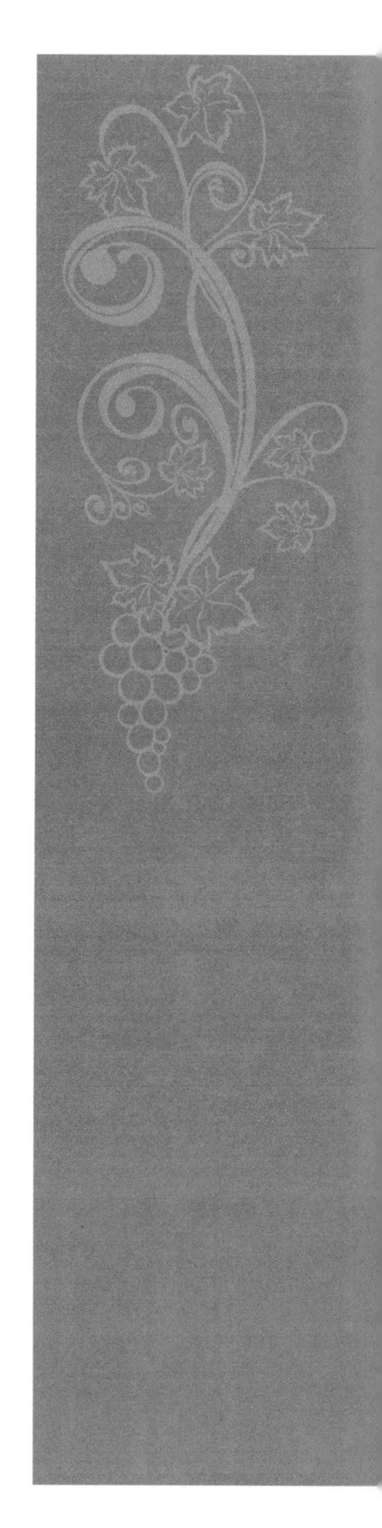

荣光献给众酒之王！

在约翰·施特劳斯的《蝙蝠》中，主角无可争辩地就是香槟。这部轻歌剧的题材源头很复杂：首先是梅耶克和阿莱维从德国作曲家罗德里希·贝内迪克斯的喜剧《监狱》中获取了灵感，创作了滑稽歌舞剧《年夜》，而后，卡尔·哈夫纳和理查德·热内又根据《年夜》写作了一个戏剧脚本，最后由约翰·施特劳斯依据这一脚本，创作出《蝙蝠》。这部1874年完成的轻歌剧《蝙蝠》讲述的是在化装舞会的环境背景下，在各种张冠李戴的错综情节中，发生的一个复仇故事。剧名影射了剧中的一个人物，他装扮成巨大的会飞的松鼠，去参加化装舞会。人们大量地饮用香槟，整个舞会弥漫着醺醺醉意，而另一个让大家如此陶醉的原因是，随着证券市场行情的上升，没必要再去工作挣钱了：

> 尊敬的香槟陛下是王，
> 让我们依它的命令排好队！
> 香槟万岁！
> 它是真正的王！
> ……香槟是原因，
> 是我们今日烦恼的原因，
> 但它却赐予我真相，
> 让我清楚地看到
> 现已改过自新的
> 我丈夫的忠诚。
> 你们唱啊，一起唱，
> 齐声歌颂这
> 众酒之王！

1874年4月5日，《蝙蝠》在维也纳首演，此时正值一场巨大的证券交易破产灾难发生后一年。没人有心思笑……终于，几年以后在巴黎，《蝙蝠》获得了辉煌的成功，随后在欧洲各地、北美，甚至印度，都进行了演出。

在弗朗茨·莱哈尔的轻歌剧《风流寡妇》中，香槟也是节日的象征。整个歌剧以维也纳华尔兹为主旋律，融入了许多当时新兴的舞蹈和节奏。于是，这种自1899年约翰·施特劳斯逝世以后被大家认为已经奄奄一息的戏剧形式，如沐春风般复苏了。1905年，这部《风流寡妇》相继在伦敦和巴黎上演了不下几百次：

> 我们跳舞吧，我们的生活
> 如干爽的香槟一样
> 欢腾着晶莹的气泡！

1933年上演了理查德·施特劳斯的《阿拉贝拉》，剧中人物也喝香槟。破产的沃尔德纳家族想要把女儿阿拉贝拉许配给一个有钱

《阿拉贝拉》，理查德·施特劳斯作品。

的夫婿。在第二幕，理想的金龟婿曼德利卡问阿拉贝拉的妈妈：“您喜欢哪种香槟？”她回答说：“半干爽的酩悦——这是订婚用的香槟。”随后，曼德利卡便订购了36瓶酩悦香槟，“又加了30瓶！又再加了30瓶！足够所有人喝的香槟！”

在描写克罗地亚——曼德利卡家乡的习俗时，施特劳斯还不忘幽默了一下：他让年轻女孩们呈上了一杯意味订婚的水！

愿我的酒杯是满的！

小酒馆的场景在歌剧里经常出现，其中自然也有葡萄酒的身影。

根据热拉尔·德·奈瓦尔翻译而成的歌德作品法译本，埃克托·柏辽兹想象并创作了他的歌剧《浮士德的天谴》，同时，也应了这个15世纪末期的德国人物及其故事的需要，在剧中融入了一些有关葡萄酒的内容。此外，歌剧还依照传统，包含了一系列表现酒神功绩的片段：骑着一只装满葡萄酒的木桶、变魔术似的出现了一片缀满葡萄和葡萄酒的葡萄树……

在柏辽兹的歌剧里，靡菲斯特领浮士德来到位于莱比锡的奥尔巴赫酒窖吧。为了给他解闷，酒徒们唱起一首饮酒歌。在这歌声中，浮士德渐渐陷入了奇妙的梦乡，梦见了他的心上人玛格丽特。等他醒过来，又听到军曹和学生们齐唱的酒神赞歌，让他想起了戈利亚德云游诗人的饮酒歌。

在古诺的歌剧《浮士德》里，奥尔巴赫小酒馆变成了主保瞻礼节，不过节日庆典中也会出现一个小酒馆。葡萄酒从来都是不可缺少的：一开始是学生合唱，重要人物进场前是称赞饮料的颂歌。酒为节日提供了媒介和支撑，就像学生在歌里唱的那样：

啤酒或葡萄酒，

愿我的酒杯是满的！

一个酒鬼，

不知廉耻地，

一杯接一杯，

给喝了个精光！

在古诺的《浮士德》里，靡菲斯特与古老的巫术传统重新建立了联系，他向端坐于小酒馆招牌上的酒神乞求帮助。于是，葡萄酒便和恶魔的性格以及他邪恶的诡计产生了关联。

靡菲斯特（对在座的玛格丽特的哥哥瓦伦丁说）：

小心，我的朋友，

你将被我知道的一个人杀死！

（从瓦伦丁手中拿过酒杯）

祝你们健康！干杯！

（嘴唇沾了一下，便将杯中酒倒掉）

呸！这酒忒差劲了！……

请允许我为你们奉上我酒窖里的酒！

（用手拍拍酒桶，这是用作小酒馆招牌的酒桶，上面放置着一尊巴克斯雕像）

你好啊，酒神大人！快来喝啊！

（葡萄酒从桶中喷出。他转而对大学生们说）

靠近点，你们！

一定照顾到你们每个人的口味！

就像刚才祝你们健康，我的朋友们，一齐祝玛格丽特健康！干杯！

浮士德和靡菲斯特在安息日的夜里快马奔驰，欧仁·德拉克罗瓦（1798—1863）绘。

当瓦伦丁从他手中抢下酒杯让他闭嘴时，靡菲斯特点燃了放在酒桶下面的承酒盘里的酒。

奥芬巴赫的另一部歌剧《霍夫曼的故事》开头第一个场面发生在位于纽兰堡的路德老板的小酒馆，这儿距离上演《唐·乔瓦尼》（又名《唐璜》，莫扎特作曲。——译者注）的抒情艺术剧院很近。一首饮酒歌合唱回响在舞台后台，颂扬葡萄酒和啤酒的灵魂：

（葡萄酒的灵魂：）
咕噜、咕噜、咕噜、咕噜、咕噜、咕噜，
我是葡萄酒！
（啤酒的灵魂：）
咕噜、咕噜、咕噜、咕噜、咕噜、咕噜，
我是啤酒！（所有灵魂一起唱）

咕噜、咕噜、咕噜，
我们是人类的朋友，
我们驱逐惆怅和烦恼。
咕噜、咕噜、咕噜……

第一幕的第四个场面过程中，纳塔奈勒、埃尔芒和小酒馆里的大学生们一致要求喝酒：

我要喝酒！一直到天明。
装满！装满我的酒杯！
装满所有锡酒壶，一直到天明！

当霍夫曼跟林道尔夫和安德莱斯重聚时，他也要求喝酒，喝了酒，他可以忘记那些让他不堪重负的记忆，并讲述他自己的故事。歌剧结束的场面里，醉得像死人一般的霍夫曼，甚至都没看到在寻找他的史黛拉：

啊！我是疯子！
来吧，我们要神圣的眩晕，
来自烈酒、啤酒和葡萄酒的精神！
来吧，我们要沉醉和疯狂！
这样我们便忘却了死亡！

凶手的酒

威尔第和普契尼特别擅长在佳节欢庆的场面里展现葡萄酒，然而大多数时候，这些场面预示着苦难的未来。

威尔第的《茶花女》开头是欢乐的：人们畅饮香槟。薇奥莱塔在家里接待她的朋友，这是宴会："手里拿着香槟酒杯，宴会变得更加热闹……你们说得真对……可爱的饮料能让藏匿的烦恼逃跑。"薇奥莱塔给阿尔弗莱多斟酒时对他说："但愿我是斟酒的赫柏（Hébé，古希腊神话中的青春女神，也是奥林匹斯山诸神的斟酒官。——译者注）！"不远处，所有人一起说："我们喝吧。"阿尔弗莱多甚至还唱了一首饮酒歌："让我们在这些带给人欢愉的酒杯里痛快地喝吧！"

但故事结束的方式却是悲剧性的：生病的薇奥莱塔孤零零地躺在床上，读着阿尔弗莱多的父亲写给她的信，信中说阿尔弗莱多已经逃往了国外。狂欢节上人们纵酒乱舞，巴黎的街道变得热闹非凡，而薇奥莱塔一个人什么都不喝，只喝水。

普契尼的《波西米亚人》同样以欢乐的场面开始：诗人罗道尔夫、画家马尔塞、哲学家科林娜和音乐家舒纳尔像看待奇迹一样，欢呼雀跃地迎接那么多的供给品来到他们简陋的拉丁区公寓："木柴……雪茄……波尔多！……命运赐予我们的主保瞻礼节的饕餮盛宴啊。"

当房东来收房租时，他们招待他喝酒。而当罗道尔夫第一次遇见米米时，他也为她斟了一杯酒，象征了激情的萌生。不久以后，年轻的朋友们和米米一起举办了一次宴会，舒纳尔要喝葡萄酒，但也要朗姆酒。后来，有一首小酒馆歌曲特意强调了爱情和葡萄酒之间的关联：

啊！谁在酒杯中
找到了幸福，
谁就在灼热的嘴唇上
找到了爱情。

《茶花女》，朱塞佩·威尔第。

《玛侬·雷斯考特》开场是一个小酒馆的场景：埃德蒙在桌旁落座，学生们在歌唱，众人在饮酒。当戴斯·格里约和埃德蒙在开年轻女孩玩笑时，合唱团唱起了一首欢快的歌（“盛满酒杯，音乐回响”）。就在这之后，玛侬来了（她准备去修女院），戴斯·格里约对她一见钟情。

玛侬的哥哥很快明白，不能相信戴斯·格里约，而同样也在觊觎玛侬的富有的包税人热龙德却让他心满意足：“酒在哪儿？啊什么？我要都喝了？”

此外，酒也能彰显逝者的世界和生者的世界之间的对立。

比如在莫扎特的《唐·乔瓦尼》里，当老骑士加入唐·乔瓦尼那桌时，他生硬地拒绝了乔瓦尼奉给他的葡萄酒：“用不着。品尝过天堂般神圣绝妙的美食的人不会去碰世间凡人吃的东西。”因为，指引他在世间生存的不是对酒的渴望，而是对正义和真理的渴望。

同样，在瓦格纳的《漂泊的荷兰人》中，挪威人达兰德船上的海员们并不取消娱乐活动——海员们唱着“每个人在陆地上都有他美妙的生活，有上好的烟草，有香醇的烧酒”，但幽灵船上的全体船员却丝毫不热衷于这些活动。当码头上的年轻女孩问他们：“嗨，船员大哥们，你们不要新鲜爽口的葡萄酒吗”，他们回答说他们既不饮酒也不唱歌。

我们还可以在贝尔格的《沃采克》（*Wozzeck*）里找到象征死亡的葡萄酒形象。这部歌剧作于1914年和1921年之间，取材于格奥尔格·毕希纳的原剧《沃伊采克》。沃采克的妻子玛丽迷恋上了军乐队的鼓手长。她给儿子唱的摇篮曲是给马喝的葡萄酒。在小客栈里，两个酒鬼在聊天，一个有“忧伤的”酒，另一个有“快乐的”酒。这是社会底层卑微的小人物的酒。在营房，当沃采克听到鼓手长吹嘘说搞定了一个“漂亮的女人”时，他拒绝了鼓手长喝酒的邀请，于是招致了愤怒和拳脚。这时，酒和醉变成了野蛮和粗暴的标志，但某种程度上也是男子汉气概的标志。杀死玛丽之后，沃采克和玛

巴尔多夫和福斯塔夫，格鲁茨纳为威廉·莎士比亚画的插图。

格丽特一起喝酒，突然他的胳膊上出现了血。这是谋杀者的酒。

我们还可以列举贝尔格的《酒》。这部歌剧选取了波德莱尔《恶之花》中的四首诗:《拾荒者的酒》《凶手的酒》《孤独者的酒》和《情侣的酒》，并按照这些诗歌本身所具有的十二音体系的语言风格来作曲。

但最具代表性的歌剧中的酒鬼形象莫过于福斯塔夫。威尔第选取了威廉·莎士比亚的《温莎的风流娘们儿》里的一个情节，创作了《福斯塔夫》。歌剧的开场发生在扎来蒂埃小客栈:凯于斯医生来投诉说客栈里的仆人偷了他的钱。福斯塔夫要喝酒，可他没有钱，于是他跟客栈的仆人吵了起来，说他们是“酒鬼”，控诉他们喝了他的酒。

在整部歌剧中，福斯塔夫都被爱丽斯称作“酒鬼”和“酒桶”，而爱丽斯正是他试图勾引的女人……后来，他被装进一个洗衣篮里，扔进了河里，像个落汤鸡似的浑身湿透。但随后在小客栈里，他恢复了体力，振作了精神，因为他喝了热葡萄酒!

给他们酒

葡萄酒作为快乐和迷醉的源泉，经常被一些家伙用来操纵天真的人。

莫扎特和他的歌剧剧本作家洛伦佐·达·彭特一起创作过一首堪称最美的歌颂葡萄酒的咏叹调:《让大家痛饮，让大家狂欢》(*Finch'han dal vino*)。这首非常著名的乐曲还有另外一个名字《香槟曲》。遵照19世纪德国的一个如今已被遗忘了的传统，在乐曲中引入了“Champagner”这个词(“是的，香槟/它为节日欢腾冒泡/

为了尊贵的宾客 / 神奇的酒”)。

唐·乔瓦尼给村民们喝葡萄酒只有一个目的：大家喝醉了，他就能放心地去勾引新娘泽琳娜，而泽琳娜可怜的未婚夫马赛多便成了受害者。为了更尽兴地品尝情欲的迷醉，乔瓦尼灌醉了泽琳娜。但他对付村民的伎俩却在老骑士那儿失效了，因为老骑士冷漠地拒绝了他的酒。

达·彭特绝对是个葡萄酒内行。在老骑士还没来的时候，唐·乔瓦尼边吃边喝，对勒波莱罗说：“倒酒喝啊！这个玛尔兹米诺酒味道真是绝了！”这种讨人喜欢的玛尔兹米诺（le marzimino）是意大利特伦蒂诺产区品质非常好的乡村红葡萄品种，深受维也纳人喜爱，可莫扎特却从未在他的《唐璜》里引用过。

在莫扎特的《后庭诱逃》中，主人公也是用葡萄酒灌醉了总督府的门卫奥斯曼，救出了被其绑架的贝尔蒙的未婚妻康斯坦丝。尽管奥斯曼是穆斯林，但他也抵挡不住节奏狂热的酒神赞歌的诱惑。在喝塞浦路斯酒的同时，他还喝了麻药，便睡过去了。

在《塞维利亚的理发师》里，博马舍鲜明地引用葡萄酒。因为对他而言，酒是人存在的本源，是生命的意义，让人远离死亡。比如，在罗西娜的窗下，费加罗弹着吉他，哼唱着：

> 我们要驱逐忧愁，
> 它令我们憔悴不堪：
> 少了美酒炙热的火焰，
> 谁来重燃我们的激情……

很可惜的是，在写给罗西尼的歌剧剧本《塞维利亚的理发师》中，史特比尼并没有保留这首歌。不过在这个剧本里，费加罗还是建议扮成士兵的伯爵在去巴尔托洛家的时候，装出一副醉醺醺的样子。“主人，请相信我，当一个男人喝了点酒，他会有更多自信。”

在威尔第的《奥泰罗》里，酒是被伊亚戈用来复仇的。在小酒馆，他灌醉了他的对手，也就是被奥泰罗称作船长的卡西欧。在酒的作用下，剧中人物都沉浸于一种酒醉迷离的非理智状态，随之而来的便是误会和争吵。

以一种轻松得多的风格，奥芬巴赫在《巴黎人的生活》中也利用酒来让剧中人物失去理智。比如，在第二幕的终曲里，为了留住男爵，大家把他灌醉。“我们要制定我们的行动策略。”每个人根据各自的籍贯和兴趣，分别推荐了勃艮第、波尔多和香槟。然后还得说些让人更加晕头转向的蠢话…… 比如加布里埃尔写的这段就很有意思：

> 我一直都没太弄明白，
> 为什么在巴黎
> 喝差酒用大号杯子，
> 喝好酒用小号杯子。

当所有人都喝得醉晕晕，加布里埃尔唱道：

> 我的朋友们，喝酒的时候，
> 我突然意识到一件事，
> 为了看到的一切都是玫瑰色，
> 我们自己必须先变成灰白色。
> （“灰白色的”和“微醺的”同用一个词gris。——译者注）

男爵喝得酩酊大醉：“一切都在转啊，转啊，转，一切都在跳啊，跳啊，跳，现在好了，我的脑袋也走了，它走了。”这一幕最终

《塞尔维亚的理发师或无效的提防》，博马舍作品，巴黎喜歌剧院，2006年6月3日。

在疯狂至极的酒醉迷离中，在直让人笑破肚皮的蠢话中结束。到了第三幕，人们转而开始歌颂香槟，甚至演员们就直接在舞台上喝起了香槟。而整部歌剧也是以香槟结束的：

咿咿呀呀的歌声，
你来我往的亲吻！
欢腾直冒泡的小瓶！
前进啊，大葡萄园！
噼里啪啦，噼里啪啦。
没错，这就是巴黎人的生活！
快乐得叫人窒息，
没错，这就是巴黎人的生活！

雅克·奥芬巴赫和他的剧本作家梅耶克和阿莱维在《拉·佩丽肖尔》中，也让他们的人物喝醉，从而更容易地掌控他们。故事发生在公元13世纪的利玛。为庆祝总督就职，城中举办宴会，喝酒免费。人群纷纷涌向"仨姊妹咖啡馆"，肆意痛饮，酣畅淋漓，此起彼伏地发出"咕噜咕噜"的声音。人们喝赫雷斯白葡萄酒、马拉加香葡萄酒、波尔图甜葡萄酒，还有阿利坎特和马德拉群岛的葡萄酒。

从《霍夫曼的故事》开始，象声词"咕噜咕噜"便在奥芬巴赫的歌剧中得到了充分的发展。它的使用也证明了在奥芬巴赫的整体作品中饮料主题是反复出现的。

总督被佩丽肖尔迷住了，可他却不能接近她，因为她还没结过婚。她爱的是一文不名所以不能娶她的毕桂姚。然而，总督派密使灌醉了毕桂姚，让他娶了……佩丽肖尔！可是毕桂姚醉得神志不清，竟没认出佩丽肖尔，甚至还明确地跟她表明……他爱的是另外一个人！当美酒奉上，合唱团开始赞美生命。

为了使婚礼能变成一个热热闹闹的节日，大家还把公证人给灌醉了，而公证人也夸赞马德拉群岛、马拉加、波尔图等地的美酒。

神圣而有魔力的酒

瓦格纳的《帕西法尔》讲述的是寻找圣杯的故事，葡萄酒的神圣本质被表现得淋漓尽致。主人公参加了安福塔斯为纪念“耶稣最后的晚餐”而举办的庆祝仪式。圣杯骑士们巩固了对于他们而言举足轻重的兄弟情谊。领圣餐时唱的祷文赋予了他们力量和热情：“请喝葡萄酒，愿它变成你们的血，为你们点燃生命的火焰和存在的喜悦，在圣灵的启示下，结成兄弟，成为忠诚的勇士。”葡萄酒让英雄们重获新生。

瓦格纳还创作了《特里斯坦和伊索尔德》，这个中世纪传说指出，爱情媚药就是一种草本酒。伊索尔德让特里斯坦喝爱情媚药，以为能将他带入死亡：“让人忘忧的饮料，我马上喂你喝。”

此外，瑞士作曲家弗兰克·马丁也从特里斯坦和伊索尔德的传说中汲取了灵感，在20世纪40年代初创作了清唱剧《草本酒》。

厄内斯特·范·戴克（Ernest Van Dyck，1861—1923），比利时男高音，饰演理查德·瓦格纳的《帕西法尔》中的角色。

菲利克斯·门德尔松的酒神赞美歌

菲利克斯·门德尔松不仅创作了《仲夏夜之梦》组曲中闻名于世的《婚礼进行曲》，而且还应普鲁士国王的要求，为古希腊戏剧家索福克罗斯的悲剧《安提戈涅》写了配剧音乐。

1841年10月28日，这部歌剧在新扩建的波茨坦皇宫首度上演，又于1842年在柏林戏剧院上演。

通过这部歌剧，人们将普鲁士宫廷和底比斯宫廷做了一番比较……感动了所有富有浪漫情怀的博学者。对古希腊历史文化一直都很熟悉的门德尔松也非常满意这部作品，甚至宣称："这种喜悦无法控制，我将永生难忘。"

剧中，门德尔松要求合唱团以18世纪德国作曲家格鲁克的方式演唱，他还运用了两个男声合唱团，将古希腊的戏剧遗产和合唱团的德国流行风格结合起来。但最有趣的是，他为他的"安提戈涅"谱写了一首酒神赞美歌，后来在1844年巴黎工业展览会的闭幕式上，埃克托·柏辽兹再度将这首歌搬上了舞台。这位法国作曲家指挥了一个庞大的合唱团，由1000多名音乐家组成！柏辽兹在他的回忆录里这样写道："门德尔松的酒神赞美歌听起来沉闷乏味：几天以后，一家报纸说，酒神祭司们喝的可能是啤酒而不是塞浦路斯葡萄酒！"

作为法国人日常生活、节日庆典、革命和战争中的伙伴，葡萄酒在民间歌曲的保留曲目中占据着重要地位。让我们开启穿越历史的旅程。

喝酒的日子来到了

公元6世纪时，布列塔尼人经常入侵高卢人的领地，既是为了捍卫他们自己的独立，也是为了贮备葡萄酒。根据图尔的格里高利（即图尔主教格里高利。——译者注）的记载，当秋天来临，布列塔尼人就带上小车、打仗器械和农耕工具，出发去进行一次“全副武装的葡萄采摘”。若葡萄仍挂在藤上，他们就摘。若葡萄酒已酿好，他们就夺走。若他们遭到法兰克人来势凶猛的紧逼或突袭，他们就把葡萄酒当场喝掉！戈文·夏洛威的《高卢人的葡萄酒》这首诗歌暗指了这些远征，很有可能发生在南特地区，因为歌里说的是白葡萄酒。这首歌被收录进一部《布列塔尼民歌集》，于1839年在巴黎出版：

最好是喝白葡萄酒，
而非桑葚酒！
最好是喝白葡萄酒。
……最好是喝新葡萄酒，
而非啤酒！
最好是喝新葡萄酒。
……最好是喝高卢人的葡萄酒，
而非苹果酒！
最好是喝高卢人的葡萄酒。

布列塔尼乐者。

18世纪，法国大革命将葡萄酒从入市征税站的壁垒中解脱出来。也许是为了庆祝这一事件，一位姓名不详的作者在1792年11月25日的《晨报》上发表了一首《酒徒马赛曲》：

前进，拉古尔蒂耶的孩子们，
喝酒的日子来到了。
架上的香肠为我们而烤，
它是为我们准备的（唱两遍）。
你闻不到厨房里
烤火鸡和羊后腿的香味？
说真的，要是我们还哭丧着脸，
那我们才真叫蠢呢。
开饭了，公民们，喝光所有酒瓶，

爱国歌《卡马尼奥拉曲》，1789 年。

喝啊，喝吧，让醇酒沁满我们的胸膛……

革命者在关着皇室成员的神殿监狱的窗底下高唱《卡马尼奥拉曲》，有可能还欢跳法兰多拉舞。《卡马尼奥拉曲》的最后一节，邀请大家一起为城郊的无套裤汉（18 世纪法国大革命时期对普通平民的称呼）碰杯畅饮：

是的，我们将永远记住（唱两遍）

城郊的无套裤汉们（唱两遍）。

让我们为他们的健康干杯，

这些快活的好人万岁。

《雨果坐在泽西的流放者岩石上》，夏尔·雨果（Charles Hugo，1826—1871）。

由于坚决反对拿破仑三世，维克多·雨果被流放到泽西岛。1852年，雨果用诗歌来呐喊他对社会制度和政治暴行的反抗：

阿谀奉承的人啊！端坐在华丽的酒席上，

笑着，喝着，嘴巴张得老大，

你们赞美恺撒，他可真善良、真伟大、真纯洁啊；

你们喝吧，与受人尊崇的一切作对的背叛者，杯中盛满塞浦路斯酒，羞耻也装满酒杯……

你们吃吧，而我更喜欢那坚硬的面包。

……从蒙马特大街回来的将士们，

葡萄酒掺了血，在你们的衣衫上迸发……

不过，也许是在20世纪初，当南方饥肠辘辘的葡萄种植工爆发出反抗声音之时，关于葡萄酒最美丽的曲段才得以被创作出来。《种葡萄的农妇》里这样唱：

向强盗开战，

他们嘲笑我们的苦难。

还要无情地向欺诈者开战。

一个名叫奥古斯特·胡盖的人甚至还写了一首恢宏壮丽的《葡萄种植工马赛曲》：

为了确保我们生存的权利，

南方的兄弟们，让我们联合起来，

欺诈者将我们抛向死亡，

让他们惧怕我们的怒火！（唱两遍）

听到了吗？在我们的田间，

回荡着我们的呐喊和哭泣，

欺诈者使我们的儿子和伴侣

饥饿了太长时间。

　起来！种葡萄的人们！

　我们有太多，太多的不幸！

　我们要斗争！我们要斗争！

为了让饥饿逃离我们的家园！
什么！那些富有的欺诈者
竟嘲笑我们可怜的家庭！
他们以我们的困境为生，
要看我们在他们面前屈服。（唱两遍）
什么！我们的葡萄藤上结满多汁的葡萄，
我们的土地上空无一人！
在我们的祖先居住过的地方，
我们经受的只有苦难！
起来！种葡萄的人们！
我们有太多，太多的不幸！
我们要斗争！我们要斗争！
我们不会气馁，团结起来我们一定会胜利！
我们想要以我们的葡萄酒为生，
愿人们总有一天听见我们的声音，
愿人们把我们从欺诈者手中解救，
愿人们赐予我们别人欠我们的东西。（唱两遍）
你们快来啊！
卡尔卡松、贝济耶、莱济尼昂、
阿尔热里埃、尼姆、佩皮尼昂、
库尔桑、蒙彼利埃，还有纳博讷的人们！
南方的兄弟们，起来！
我们将坚持到底！
我们要斗争！我们要斗争！
我们不会气馁，团结起来我们一定会胜利！

“当玛德龙……”，波兰·巴赫的进行曲。

反抗的浪潮并非只在法国南部爆发。阿尔布瓦的葡萄种植者高

唱着“新马赛曲”投票通过了抗税大罢工：

> 前进！种葡萄的人们，
> 我们要起来，反抗暴政，
> 让懦夫屈服在税务局的脚下吧！
> 阿尔布瓦种葡萄的人们，
> 我们不再要国王，
> 不要封条，也不要什一税。
> 面向税务官，
> 我们齐声高喊：
> 你一分钱都收不到！

当一个议员想要限制自酿烧酒者们的特权时，他们唱起了《自酿烧酒者马赛曲》：

> 前进！锅炉边的孩子们，
> 酿酒的日子来到了。
> 严苛的法令为我们而立，
> 欲将我们置于死地。
> 你们听到了吗？税务局里
> 无情的税务员在咆哮，
> 他们像疯子一样
> 来扼杀我们的葡萄酒和烧酒。

在一战前夕的香槟地区，人们唱起《奥布省葡萄种植者国际歌》：

这是香槟的斗争，
奋起反抗到明天，
一个正常的时限
将还给我们面包。

第一次世界大战催生了大量以葡萄酒为主题的歌曲。在战壕里，法国大兵们小声哼唱着马克斯·勒莱克写的《葡萄酒颂歌》：

你好啊，后勤处的葡萄酒，
你没什么味儿或者根本就没味儿，
除非有的时候你可能发出
苯酚的臭气甚至粪尿似的恶臭……
可有什么办法呢？口渴让我们忍不住喝你。
你好，葡萄酒！
你好啊，葡萄酒，你是葡萄藤的纯美汁液。
有时候获准外出的兄弟
会给我们带回来一两瓶。
整个国家都以你为生。
刚喝上一两滴，
每个人心中都涌现出自己的家乡……
我们发觉眼睑下有热泪。
你好，葡萄酒！

《玛德龙》最初并不是为士兵写的歌，而是为了赞美喝葡萄酒的喜悦。这首歌由路易·布斯盖作词，卡米尔·罗伯特作曲，1914年由波兰·巴赫在军队剧院首度演唱时，便取得了巨大的成功，以至于当时有一些协约国军队以为这就是法国的国歌《马赛曲》！

歌者身穿士兵的衣服演唱《玛德龙》，开启了大兵闹剧的演绎形式：

在离森林不远的那边，
有个墙壁覆满常春藤的屋子，
军队在那里休整娱乐。
“大家一起转噜噜”
是这个小酒馆的名字。
女招待年轻又温柔，
身姿轻盈像只蝴蝶；
她的眼睛灵动闪烁好似她的酒，
我们叫她那个玛德龙。
我们夜里梦见她，白天思念她，
她只不过是玛德龙，
但于我们，她就是爱情。
玛德龙来为我们奉酒，
在葡萄藤架下我们轻触她的衬裙，
每个人给她讲了一个故事，
以自己的方式讲故事。

歌曲的最后，一个下士想娶玛德龙，玛德龙笑着回答他：
你牵不到我的手，
我实在太需要我的手为他们倒酒。

1918年11月，吕西安·布瓦耶和夏尔·波莱勒－克莱尔克共同创作了《胜利的玛德龙》，并于同年由莫里斯·切瓦力亚在巴黎卡西诺剧院演唱，后来陆续被许多其他歌手演唱。这首歌还曾被改编为英文：

玛德龙，斟满我的酒杯，
和法国大兵一起唱：
我们赢得了战争，
你相信吗，我们真的赢了！
啊，玛德龙！倒酒！
千万注意可别倒进去水了！
我们要庆祝胜利，
庆祝霞飞将军、福煦元帅和克雷孟梭总理的胜利！

而和平主义者蒙泰于斯的思想状态却明显与此不同。1922年，他写了《红色小山丘》，实际上指的是香槟省的巴波姆山丘，他以此歌来揭露战争带来的灾难：

红色小山丘是它的名字，一天早上举行了洗礼，
爬向山顶的所有人都滚进了沟壑里。
如今那里种了葡萄树，结满串串葡萄，
谁喝了那儿的酒，谁便饮了同胞的血……

“夏季阿尔卡萨尔”音乐会咖啡馆招贴画，朱尔·谢雷（1836—1932，被誉为“现代招贴画之父”。——译者注）绘。

第二次世界大战前夕，让·布瓦耶试图在他的歌曲《这就是杰出的法国人》里表明，尽管有各种纷争、罢工和人民阵线，但法国人始终保持着团结……全靠烟和酒！

所有这些小伙子，

他们当中大多数

过去经常吃药片、滴药水、喝各种混合药剂。

可他们现在精神好，身体棒，

就像二十岁的模样。

这个奇迹哪里来？

原来全靠了葡萄酒和烟草！

（萨拉伯特出版社，1939年）

不幸的是，30年代初，战争不可避免地爆发了。保尔·科林（Paul Colline）于1932年写的歌曲《囤货备用》还是很有预见性的：

囤好堆砌如山的酒桶

备用！

囤好星罗棋布的勃艮第酒和波尔多酒

备用！

囤好数不胜数的伏弗莱，

囤好无穷无尽的慕斯卡黛，

可我们却从水龙头里接水喝！

我们在囤货备用！

我们可不是每天都二十岁

法国人对路易十四后期的严苛统治颇有微词，并通过歌声让他知晓：

你想要把我们变成虔诚的信徒，

再剥夺我们喝酒的权利？

信我的，路易，好好歇着，

跑去亲吻老太婆吧！

当路易十五（此时仍是“受爱戴者”）生病了，整个巴黎举杯祝愿他早日康复。当他痊愈了，人们再次举杯并高唱：

皮亚罗，给我倒酒，

啊！那时我多么悲伤！

看到我们的国王生病了，

我的心简直被撕成了碎片……

兄弟们，大口地喝啊，一口喝光！

王太子的诞生也是纵酒狂欢的好机会：

他出生在九月，

树木弯曲的月份。

他会给法国的葡萄园

带来好运气。

兄弟们，大口地喝啊，一口喝光！

甚至来自玻玛（Pommard）的神甫也加入了百姓纵酒狂欢的队伍，庆祝1792年路易十五的儿子的诞生：

且不说香槟酒，

还有很多葡萄酒可供选择，

博纳酒、夜坡酒、夏萨尼酒，

而我，只钟情玻玛葡萄酒。

瓶子里装满这一甘露，

你们的咕噜咕噜声无穷无尽：

国王万岁，王后万岁，

王太子殿下万岁！

18世纪50年代，在距离露天跳舞小酒馆不远处的圣殿大道上的娱乐场所里，人们可以看到漂亮的女歌手芳淑。她唱歌时演奏手摇弦琴为自己伴奏，被当成萨瓦人。传言说这位女士总能吸引来很多观众为她捧场，所以依靠唱歌，她生活过得很富足。但实际上，根据雅勒先生1867年为她写的传记，弗朗索瓦·谢蔓，也就是芳淑，很有可能是土生土长的巴黎人，长相甜美，但家境贫困。她结过婚，但丈夫离开了她，她只能独自抚养几个孩子。在咖啡馆和夜总会，她演唱一些下流的曲段，说一些不知羞耻的话，嗜饮葡萄酒和利口酒，再以撩人的醉态去勾引军官。她经常被警察逮捕，时不时在监狱里待上一段日子，每天醉生梦死，辱骂那些她讨厌的人……没有人知道她什么时候死的，没人记得她，没人在乎她。根据这个故事诞生了著名的歌曲《芳淑》，歌词作者被认为是A.C.德·拉萨尔伯爵：

朋友们，我们得停下来，

我看到一个瓶塞的影子，

让我们为可爱的芳淑举杯，

一起为她唱点什么。

啊！和她交谈是多么惬意！

她是多么优秀，多么闪耀！

Amis il nous faut faire pause,
J'aperçois l'ombre d'un bouchon;
Buvons à l'aimable Fanchon,
Pour elle faisons quelque chose:
Ah! que son entretien est doux,
Qu'elle a de mérite et de gloire;
Elle aime à rire elle aime à boire,
Elle aime à chanter comme nous.

Fanchon quoique bonne chrétienne,
Fut baptisée avec du vin;
Un allemand fut son parrain,
Une bretonne sa marraine.
Ah! que son entretien est doux,
Qu'elle a de mérite et de gloire;
Elle aime à rire elle aime à boire,
Elle aime à chanter comme nous.

Elle préfère une grillade,
Au repas le plus délicat;
Son teint prend un nouvel éclat,
Quand on lui verse une rasade.
Ah! que son entretien est doux,
Qu'elle a de mérite et de gloire;
Elle aime à rire elle aime à boire,
Elle aime à chanter comme nous.

Si quelquefois elle est cruelle,
C'est quand on lui parle d'amour;
Mais moi je ne lui fait la cour,
Que pour m'enivrer avec elle.
Ah! que son entretien est doux,
Qu'elle a de mérite et de gloire.
Elle aime à rire elle aime à boire.
Elle aime à chanter comme nous.

Un jour le voisin Lagrenade,
Lui mit la main dans son corset;
Elle riposta d'un soufflet,
Sur le museau du camarade.
Ah! que son entretien est doux,
Qu'elle a de mérite et de gloire;
Elle aime à rire elle aime à boire,
Elle aime à chanter comme nous.

Fabrique de PELLERIN et Cie, Imp.-Libraires à ÉPINAL.

《芳淑》，报纸上的文章。

她爱笑，爱喝酒，

她和我们一样爱唱歌。

她爱笑，爱喝酒，

她和我们一样爱唱歌，对，和我们一样。

她是虔诚的基督徒，

她以葡萄酒受洗礼。

勃艮第人是她的教父，

布列塔尼人是她的教母。

第二帝国时期的歌曲普遍显得傻里傻气，愚蠢的副歌部分直接出自音乐会咖啡馆，却仍被一大群人不断地传唱。1881年，在“夏季阿尔卡萨尔”音乐会咖啡馆，当红明星鲍吕斯演唱了《劣质小红酒》：

我不喜欢西班牙葡萄酒，

太浓稠还得掺水；

我对香槟也没什么好感，

我宁可要一大壶叙雷讷酒。

我并非鄙视陈酿勃艮第、

玛贡、博纳和夏布利，

让我喝得满脸通红的酒，

是巴黎地区的葡萄酒。

1886年，鲍吕斯在“艾尔多拉多”音乐会咖啡馆演唱了《从阅兵式归来》：

……我们很快踏上隆尚的草坪，

我们先找地方坐下，
随后我打开十二瓶酒，
野餐正式开始。
突然，一人高呼：
法兰西万岁！

普通葡萄酒也能享有被小调歌手演唱的荣誉。1887年，居斯塔夫·那铎就写了一首《致普通葡萄酒之歌》：

你并非来自金色的山坡，
从第戎延伸至博若莱；
你并非生长在风化了的平原，
英国人喝的梅多克在那里成熟。
奢华的名字并未让你闻名；
你从未在竞赛中获得奖牌。
你将一直待在见证你出生的岸边。
普通葡萄酒，每天都在身边的朋友。

伯塔·西尔瓦（1885—1941），法国女歌手。

在巴黎的夜总会里，加斯东·古岱演唱了这首非常浪漫的《在压榨机上》：

在九月的星空下，
我们的庭院好似一间屋子，
压榨机好似一张古老的床，
沉醉在葡萄的芳香里。
由对异教徒的回忆
产生的古怪想法挥之不去。

我们今晚睡在压榨机上吧，
两个人一起做这疯狂事。
我们今晚睡在压榨机上吧，
玛歌，我美丽的玛歌姑娘。

第一次世界大战的痛苦记忆渐渐逝去，人们终于重新开始光顾露天小酒馆和跳舞厅，嘴里还哼唱着《轮到我跳爪哇舞了》：

每天晚上这个时候我都要溜出去，
兴高采烈地跑到塞巴斯图大道旁
那个教堂身后的小路上，
那儿有个挺幽静的大舞厅，我发誓。
没人跳探戈和狐步，
壮汉挽了衬衫袖子在尽情跳舞。
我喝了一碗葡萄酒，
像个阔佬似的去跳我的爪哇舞！

葡萄酒甚至在诸如环法自行车赛这样的体育赛事的歌曲里也有出现。例如，1932年环法自行车赛的官方歌曲《环法的小伙子》可能会让今天的听众大吃一惊。它的作者是吕西安·卡札利（Lucien Cazalis）：

……别傻了吧唧的，
往水里放上一点
波尔多葡萄酒，
爽啊！

人生中的幸福时刻在于有机会写出美丽动听的歌曲，称颂那些简单的快乐。例如，由费尔南·波蒂埃作词，莱昂·雷泰作曲，1934年伯塔·西尔瓦演唱的《我们可不是每天都二十岁》：

缝纫车间里热热闹闹在过节，
大家都把工作暂时放一边。
因为就在今天，玛丽奈特
刚刚二十岁了。
女店员、女学徒、女技工
都拿了蛋糕来，
玛丽奈特给大家斟波尔图葡萄酒，
她举起酒杯，高兴地说：
我们可不是每天都二十岁，
一生中只有这唯一的一次……

第二次世界大战前夕的露天跳舞小酒馆里，气氛依然非常活跃。1935年，由卡米尔·弗朗索瓦作词，加斯东·克拉莱作曲的爪哇舞曲《这就是露天小酒馆》可以证明这一点：

勃艮第葡萄酒是个奇迹，
它让人们激情迸发，活力四射……
它是装在瓶里的阳光，
即使晚上我们要将它喝掉。

以葡萄酒装瓶这一道工序为主题也能创作出许多有趣的歌曲，比如1937年乔吉斯（Georgius）根据一段颤音曲写的狐步舞短喜剧：

酒庄里正在装瓶，

装的是我们波尔多葡萄藤下的甘露。

天气热的时候喝这美酒，

帽子底下滚出汗珠。

酒庄里正在装瓶。

1938 年，病弱的女歌手弗蕾艾勒用一种特别吵闹的曲调演唱了由莫里斯·万戴尔作词，莫里斯·亚历桑德作曲的《捉摸不透的姑娘》：

间距很大，我在十五步远的地方吐了痰，

我喝了八分之一盎司葡萄酒，酒弄脏了衣服，

广告牌：阿斯尼埃尔。

这就是我，让人捉摸不透的姑娘……

啊！小白葡萄酒

战争岁月留下来几首欢快的歌曲，大概是为了让法国人忘记被德国占领时期的生活的艰苦。

夏尔·特雷内1941年为电影导演让·布瓦耶创作的《巴黎浪漫曲》中提到：

情侣们也在露天跳舞小酒馆里喝酒，
喝让人头晕目眩的白葡萄酒。

这首歌取得了非凡的成功，此后被许多伟大的歌唱家重新演绎，如约瑟芬·贝克、丽娜·玛吉、蒂诺·罗西、穆路吉、吕西安·热奈斯、柯莱特·列娜、弗朗西斯·勒马克、帕斯卡·塞夫朗、帕特里克·布吕埃尔……

一年后，特雷内又带来了一首脍炙人口的歌《年轻人的步伐》：

路上有石子，
平原上有疾风，
路上有石子，
客栈里有葡萄酒！
有美酒呢！

这些年最为成功的歌曲当然要数《啊！小白葡萄酒》。当让·德雷雅克获得了赛马赌博中的前三名独赢之后，他来到马恩河畔尚碧尼的一家露天小酒馆，在桌布的一角上写出了这首歌的歌词。作曲者是夏尔·波莱勒－克莱尔克。

1943年夏初，米歇尔·多兰首先演唱了这首歌，并通过当时德国人在巴黎科涅克杰路上的几间演映厅里安装的试验性电视机进行了转播。后来，丽娜·玛吉在奥德龙酒店再次演唱并录制了这首歌。它的副歌部分也成了当时甚为流行的法国大解放颂歌，所有手风琴演奏者都在餐馆和舞会上反复表演这一曲目。此外，还有许多最杰出的歌唱家也演绎过这首歌，如柯莱特·列娜、蒂诺·罗西、弗朗西斯·勒马克、让·马克·蒂博等等，甚至让·德雷雅克本人也演唱过。

《啊！小白葡萄酒》

（版权归梅里迪安Méridian新兴出版社所有，1943年）

这就是春天，

柔暖的季节诱惑着我们。

出发吧，我的孩子们，

你们二十岁了，

去度假吧。

你们将看到，

平静的海面上

敏捷而温顺的渔船，

恋人的臂弯里

清新的露天小酒馆。

美好的姑娘，

薯条已备好，

还有那白葡萄酒……

《音乐会》，阿贝尔·特吕谢（1857—1918）和弗朗索瓦·安东尼·维萨沃纳（1876—1961）绘。

（重复唱）

啊！小白葡萄酒，

我们在葡萄藤架下畅饮，

姑娘们无限美丽。

从小城诺让那边，

时不时地传来一段

古老的浪漫曲，

为恋人们营造

做爱的氛围和节奏，

在树林里，在草地上，

在那边，在小城诺让那边。

太阳先生知晓他的正事，

让我们在路上邂逅

倔强女孩的脸庞，

色彩明亮的裙装。

来啊，美丽的姑娘，

你是多么善良，

在那儿，在绿篱下，

爱情在等候我们。

餐桌已备好，

憨厚的客栈老板，

女歌手在唱歌，

还有，白葡萄酒……

对于这些迷人的游戏，

男高音经常占据优势。

其实这并不坏，

因为总是以婚礼结束。

最重要的时刻，

就是当妈妈

严厉地询问

她年轻的孩子：

我的女儿，讲一讲，

你做回顾总结了吗？

是否感到忧伤和惭愧？

回答我，我等着你……

（重复唱）

因为从来都是这样，

只要有阳光，

我们将看到春天里

恋人们去做爱，

在树林里，在草地上，

在那边，在小城诺让那边。

战后，露天小酒馆重新开张，对此，罗杰·瓦伊斯的风笛华尔兹舞曲《露天小酒馆的回归》可做证明：

露天小酒馆回归了，

在小城诺让，也在小城罗宾孙。

……所有的心灵欢快地跳动，

随着小白葡萄酒

迷人的节奏。

《乐器静物画》，皮耶特·克莱茨（Pieter Claesz，1579—1660）绘。

但世事变迁……露天小酒馆终究逃不过关门停业的命运，尽管

让·德雷雅克依然恋恋不舍地让马塞尔·阿蒙演唱了《在我的郊区舞会上》：

在李子成熟的季节，

我们来这里划船。

夜幕降临的时候，

喝一杯勃艮第白葡萄酒。

走过莫泊桑吃过晚餐的

那张瘸腿的桌子，

平息了对鳟鱼的渴望。

酒窖吧歌手的颂酒狂热

“酒窖吧歌舞狂欢团”的活动始于1730年。除了为名副其实的酒徒们组织简单的聚会，“酒窖吧”也以几首曲目、副歌和前所未有的新颖音乐，成为了现代歌曲的起源地。

酒窖吧第一个时期（1730—1743年）的小调歌手特别单纯地歌唱葡萄酒，例如阿莱克西·皮隆的《喝酒咏叹调》：

爱情啊，最后说一声再见，

愿酒神与你共享胜利。

我一半的生命已在你的统治下流逝，

我余下的生命将在喝酒中度过。

我们还知道《暗红葡萄酒的酒瓶》这首以酒瓶形状出现的著名

诗歌，它的最后几句提到了音乐：

我用嗓音为琴声伴奏，我的里拉琴啊，
将上百次奏响这首可爱的歌：
我迷人的酒瓶，无穷地统治着；
我亲爱的瓶子，不停地统治着。

夏尔·帕纳尔也创作了一首无比欢快的《一个口吃的家伙》，对此，小调歌手波比·拉普安特不可能否认：

为了送我们上火车，
彻、彻、彻、彻，
彻夜我们在老格家碰杯；
喝着美酒，
就、就、就、就，
就让我们击败灰暗的心情；
哲、哲、哲，哲学
让我们今天畅快饮酒；
这醇香的果汁，
证、证、证，证明了
我们对它的爱恋。

比帕纳尔更热衷于社交生活的夏尔·柯雷在《我要为你们作画》中，描绘了巴黎人寻欢作乐的场所：

我要为你们作画，
画一个疯狂的小酒馆。

在那儿我们有新酒喝，
我们嬉笑，我们玩耍，
……我们伴着小手鼓跳舞，
两腿相击旋转跳跃……

1762年，酒窖吧重启了第二个时期的发展。我们能够记住这一时期毕伊思骑士的歌曲《享乐主义者的理智》。而当我们得知，这位保皇党人先后经历过六种政体，甚至还在1800年至1815年期间担任过巴黎警察局的秘书长，他的这首歌便立刻具有了非常独特的味道：

……我一副勇敢的表情，
下楼来到我的最后一间屋子，
就像今天来到我的酒窖，
在这里丧失理智。

酒窖吧的第三和第四个时期（1796年至1801年间的“滑稽歌舞剧的晚餐”和1805年至1815年间的“现代酒窖吧伊壁鸠鲁快活团”）在歌曲方面是非常多产的。例如，阿尔芒·古费创作了《水之颂》…… 只是因为水能让葡萄树生长：

下雨了，终于下雨了！
干涸的葡萄园
在这神圣的恩赐下
就要恢复元气了。
我们来歌颂水的荣光吧，
蔑视它是无益的。

下等小酒馆内部，大卫·瑞克特第三或小大卫·瑞克特（David Ryckaert III, le Jeune, 1612—1661）绘。

正是水，才让我们
喝上了葡萄酒！

1809年，一场旨在颂扬圆、长、短的竞赛如火如荼地展开了。毕伊思骑士撰写了《圆的优势》，内容涉及葡萄酒：

……最著名的骑士
正是圆桌骑士。
我们已然像他们一样在战斗，
像他们一样，酒神助我们一臂之力！
让我们喝吧，唱吧，围成圆圈跳舞吧。

马克·安东尼·德佐吉埃则演唱了一首非常有倾向性的《长之颂》：

……在所有葡萄酒中
我独偏爱波尔多酒。
为了彰显它的卓越，
红色的酒桶之神灵
赐予它更长的瓶塞以示荣耀。

德佐吉埃写作了大量与葡萄酒有关的歌曲，皮埃尔·拉鲁斯称之为“颂酒狂热”，斥责他太过专一地把精力全部投入了“食物和葡萄藤的汁液”。他是《献给我的酒杯的歌》的作者，这无需过多解释。此外，他还写了《颂酒狂热》，目的在于鼓励人们要在生命逝去之前好好享受生活：

人一旦死去，将死去很久，

一则古老的格言

无比智慧地，如是说。

那就让我们好好利用这点滴光阴，

心满意足地，蔑视时间这把镰刀。

……瓶塞，飞啊！

酒瓶，流啊！

酒徒，喝啊！

一位神灵服侍醉鬼。

德佐吉埃肖像画，让-巴普蒂斯特·伊扎贝（1767—1855）绘。

受德佐吉埃的邀请，皮埃尔-让·贝朗热参加了最后一个时期的酒窖吧聚会。他先是融入颂酒歌曲坊的模子，同时也带来了略带抗议意味的独具个人特色的风格。正是有赖于酒窖吧，这位热衷于创作半哲理性、半政治性、半嘲讽性歌曲的作家才得以崭露头角，为人所知。1815年，他谱写了《新狄奥根尼》：

狄奥根尼，

穿着你的大衣，

我自由而满足，无拘无束地嬉笑、喝酒。

狄奥根尼，

穿着你的大衣，

我自由而满足，滚动着我的酒桶。

1817年，贝朗热又谱写了《随军女商贩》，回顾他曾支持过的拿破仑的战役。这首歌曾一度被警察禁止：

我是团里的随军女商贩，
大兵们都管我叫卡丹儿。
我卖葡萄酒和烈烧酒，
我也快活地送酒、喝酒。
……借着为你们斟酒，
你们所有的功绩都有我的份儿……

1818年，他创作了《神圣联盟》，来庆祝欧洲众列强终于撤离了法兰西的领土，自大革命和帝国时代以来的隔离岁月终结了：

……法兰西的美酒啊，流向了国外，
从国境线出发，它重新上路。
同胞们，让我们结成一个神圣联盟，
向彼此伸出双手。

贝朗热在酒窖吧断断续续地活跃至1827年，也就是德佐吉埃去世的那年。他于1834年至1837年间重新出现，之后又再次沉寂。不过值得庆幸的是，他的消失并未阻止小调歌手们继续活跃在酒窖吧里。1848年，贝朗热召唤人们为年轻的共和国所奉行的自由、平等、博爱而举杯共饮：

我们收葡萄啦，法兰西万岁！
总有一天，整个世界将和我们一同举杯。
朋友们，在我们的国家，快乐将重生。
哈哈，快乐将重生。

让我们为独立而纵酒狂欢

正是在这些自1815年发展至1848年的民间团体——“快活团”里，诞生了对社会表达不满的歌曲。1806年，作曲家皮埃尔·楼荣创作了一首《快活团》：

倒酒啊，朋友们，我确信
酒一定会使你们的精神愉悦。
……任何快乐都得受到制约，
醉酒违背本性。
当快乐成为评估的标准，
我们就很清楚酒的价格。

保罗·埃米尔·德布罗的歌经常涉及酒。例如，他在《颂酒狂热》里提到了酒，为的是让人更好地理解赤贫阶层的穷苦生活：

只要身边有酒，
就应该喝掉它，
为了它的荣光。
因为这神圣的酒，
在没有木柴、没有煤炭、没有火炉的时候，
能让我们感到温暖。

在19世纪关心社会问题的歌手中，我们当然要提及里昂作曲家皮埃尔·杜邦，他以一首《工人之歌》闻名于世，波德莱尔称这首歌为“召唤贫苦阶层团结起来的呐喊”：

让我们相亲相爱吧，
让我们团结起来一同畅饮吧，
不管大炮消声抑或轰轰作响，
都让我们为独立而纵酒狂欢！

他还发展了一种田园歌曲的形式，在工人和资产者中间都非常流行。他的《农民的田》的音乐甚至还被《樱桃时代》的词作者让·巴蒂斯特·克雷芒用于了他描写巴黎公社的一首歌《浴血的一周》。

《手捧葡萄串的孩子》，皮埃尔-让·大卫（1788—1856），亦称"昂热的大卫"绘。

皮埃尔·杜邦还创作了《我的葡萄园》，这首歌如今已经完全被遗忘了，但根据皮埃尔·拉鲁斯本人的证明，在19世纪40年代初民族主义激情迸发的时期，这绝对是一首名副其实的风靡之曲。

这道避风的山坡，
暖洋洋地晒着太阳，
像一只壁虎，
这是我的葡萄园。
磨刀石的地面回音荡漾，
工具击打，溅出火花，
植物笔直生长着，
这要归功于
我们的祖先诺亚种下的嫩芽。
（重复唱）
我是善良的法国人，当我看到杯子里
盛满火样颜色的葡萄酒，
我感谢上帝，并想到
英国人没有葡萄酒。

（重复唱）

春天，葡萄园里开满了花，

似少女般纯洁但尚无光彩；

夏天，它就要当新娘子了，

绿茸茸的紧身衣似要裂开；

秋天，一切都已绽放开来，

这是采摘和压葡萄的季节；

冬天，在它沉睡的时候，

它的葡萄酒替代了阳光。

（重复唱）

我爱我的葡萄园，像个嫉妒的老人，

可得当心那些眼底故作温柔的家伙，

他们想要抚摸我的美人。

我的盐可以刺痛偷吃的家伙，

但千万别招惹不怀好意来回徘徊的人，

还有能制造冰雹的黑暗巫师，

当他占领了一块山坡，

犹如一头饿狼钻进了羊群。

（重复唱）

我贮藏葡萄酒的酒窖

是一座坍塌的旧修院，

穹顶高耸似一座古老教堂。

我径直向下走进酒窖，

喝了一点我的陈年醇酒，

一点，再一点……我醉了。

快给我墙，快给我柱子！

我找不到楼梯了。

公元496年12月25日，法国克洛维一世国王在兰斯大教堂接受洗礼。弗朗索瓦-路易·德瑞讷（François-Louis Dejuinne，1786—1844）绘。

（重复唱）

葡萄树是神圣的树；

它是葡萄酒之母；

让我们尊重这位年迈的母亲，

这位五千岁的乳母，

为了让孩子们进入梦乡，

她让他们在酒杯里吸吮。

葡萄树是恋爱之母，

哦，我的雅娜，让我们喝到天荒地老！

19世纪40年代初期，在抗议德国吞并阿尔萨斯一事上，如果说新闻报道是强有力的宣传手段，那么歌曲在其中也扮演了非常重要的角色。关键在于持续地对德国施压，使有识之士时刻准备着展开一场收复领土的战争。阿尔弗雷德·德·缪塞参加了这场运动，作了一首诗《德国莱茵河》，并由约瑟·克洛为其谱曲：

……愿你们的德国莱茵河平静地流淌，
愿你们的哥特大教堂端庄地映照在河面上；
但你们的颂酒咏叹调不可能将逝者
从血腥的安息中唤醒。

这可真让我兴奋，我简直欢欣雀跃！

在歌曲领域，香槟的出现始于16世纪，期间有一位小调歌手提到，圣雷米主教为克洛维国王举行加冕仪式，并赠予他一桶香槟：

赠予众所周知的克洛维
一桶香槟美酒，
并对他说：
酒能持续多久，
你就将胜利多久。

在查理五世治下，国家受英国人蹂躏，葡萄园遭到破坏。为国王供应香槟的诗人厄斯塔什·德尚痛惜他失去的葡萄酒，以及他曾经拥有的美丽葡萄园：

我来自品德高尚的土地，

它天生贞洁善良，闻名遐迩。
那里生长着优雅的葡萄园，
酿出的美酒分布在许多指定地点。
……可老天爷真是不开眼！
所有麦田都被英国人付之一炬！
战争让我损失了两千法郎，
从此我的名字是：农田烧伤人。

17世纪，国王路易十五为蓬帕杜夫人的死而略感悲伤。但这并没有妨碍国王的朋友们继续欢庆节日，对此，尼维努瓦公爵有如下记述：

在他的情妇身旁，
他悲伤地喝着水，
而我们其他人在欢快地唱歌，
痛饮香槟酒。

酒窖吧的歌手们当然也极其热忱地赞颂香槟的优点，其中，帕纳尔是第一人：

这一闪闪发光的饮料
受到太长时间的束缚，
经常冲出圆瓶口溢出来。

夏尔·柯雷紧随其后：

愿红衣主教先生

支配德国的一切，

愿他无论如何掌握

查理大帝的宝座。

但若是我喝了香槟，

这些于我皆无所谓。

乐天的德佐吉埃创作了一首《纵酒的砰砰声》，歌曲于 1809 年发表在《新缪斯年鉴》上：

香槟溢出酒瓶，

砰砰作响，

这温柔的声音俘获了

我的耳朵，我的灵魂。

贝朗热在《我的头发》里提及了香槟：

您可以从起泡酒的这些小瓶里

缓缓流淌的汁液中汲取快乐。

这是我的想法，

而我的智慧让我掉了头发。

在“美好时代”期间，香槟也广泛地在音乐会咖啡馆的演出中现身，尽管这些演出经常是粗制滥造的产物。当时广为流传的是这首由布龙德莱和马沙尔作词，斯班瑟作曲的《这可真让我兴奋》：

这可真让我兴奋，

实验剧场：伊薇特·吉尔贝。

《共餐的勃艮第人》，节选自瓦莱尔·马克西姆的手稿：《值得纪念的事件和话语》，公元15世纪。

我简直欢欣雀跃！

是的，我欢欣雀跃！

以一个丝绒球的名义！

这可真让我兴奋！

音乐会上的雅克·伊热兰，巴黎，1983 年。

我简直欢欣雀跃！

就像是酩悦香槟的一个瓶子！

19 世纪 80 年代末期，“夏季阿尔卡萨尔”音乐会咖啡馆的知名歌手鲍吕斯，以一曲《香槟》赢得了广大公众的青睐和喜爱。这首歌由德劳麦尔和卡尼尔作词，由 F. 尚东作曲：

我呸，西班牙的蒸馏烧酒，

还有德国的那些啤酒。

他们的烧酒粗鲁地把你们灌醉，

他们的啤酒冰冻了我们的血液。

而我们这里出产的葡萄酒

则让心灵变得多情而愉悦。

这就是为什么

世界上最慷慨的民族

正是法兰西。

也正是得益于香槟，19 世纪 90 年代初的音乐会咖啡馆女歌手伊薇特·吉尔贝，以一曲由路易·比莱克作词的《我喝醉了》获得了事业的成功：

我喝醉了，

我说蠢话，

我有点晕，

可这是我自己的事，

你们到底要我跟你们说什么呢？

我喝醉了啊！

……喝得半醉不是罪，

喜爱酩悦香槟也不是罪。

为了吸引歌手，各香槟商行相互间开始比拼想象力，投身于一场无情的竞争。由此产生了如下这些耳熟能详的曲目：《鲁纳尔香槟—波尔卡舞曲》《玛喜尔香槟》《凯歌香槟万岁》《我喝了凯歌》《凯歌—玛歌》，以及下面这首由德拉特和德·诺拉作词、路易·雷纳尔作曲的《凯歌香槟华尔兹舞曲》：

一小杯凯歌香槟，

真没多少东西，

可它立刻让我看到

玫瑰色的人生，

让我变得爱说爱笑。

当我忧郁的时候，

我喜欢和玛歌一起唱

凯歌华尔兹舞曲，

我喜欢和玛歌一起唱

凯歌华尔兹舞曲。

香槟的成功并非只在法国。比如，在伦敦开创了像《香槟查理》这类的音乐喜剧。这部《香槟查理》的作者署名为乔治·雷鲍恩，其中的人物“查理”也许是参照了查尔斯·哈雪——正是他让美国人发现了香槟：

香槟查理是我的名字，

香槟是我的小小嗜好，

如今喝酩悦香槟

已成为时下的风尚。

二战以后，直至今天，香槟依然是法国香颂中不可绕开的一个主题。克洛德·弗朗索瓦不是在《相爱就是这样》里如此表明了吗：

……香槟涌流，

你喝了一点。

是的，而你喝得有点太多了……

雅克·伊热兰甚至在演唱《给所有人的香槟》的舞台现场喝了一杯香槟：

华尔兹舞曲集，约1900年。

悲伤的驼背马车夫，请把我载到酒庄……
赶紧去为我寻找那个能治愈疯狂的朋友，
这疯狂一直陪伴着我，从未背叛过我。
香槟！香槟！香槟！

葡萄酒！葡萄酒！葡萄酒万岁！

没有任何一个葡萄种植区像勃艮第一样，创作出如此多的描写葡萄酒的流行歌曲。不过，除了传统的饮酒歌（《勃艮第姑娘》《在第戎的大路上》）等，还有许多描写葡萄园的优美歌曲。比如，1912年由于勒·贡伯作词、约瑟夫·西约勒作曲的《小麻雀葡萄园》：

在勃艮第的中心地带，
住着一个家庭，家里
所有的女孩都是种葡萄工，
所有的男孩也是种葡萄工。
由于他们姓“小麻雀”
人们就在村庄里这样唱：
他们是葡萄园里的小麻雀，
从早到晚待在山坡上，
他们采摘葡萄，
再把籽儿压碎！

1831年，亨利·帕瑞根据《阿尔让特耶的小葡萄酒》的曲调创作的《勃艮第姑娘》，成为这类歌曲的“标准范本”，它的副歌部分非常有名：

勃艮第快乐的孩子们，
我从来都很幸运。
当我看到我满脸通红，
我为我是勃艮第人而骄傲。

博若莱也是一个盛产饮酒歌的地区。当地许多酒庄甚至还有它们自己的歌曲，用来夸耀当地葡萄园和种葡萄工人的优良品质。

比如这首《博若莱种葡萄工人进行曲》的副歌部分就表现了这个葡萄种植园的精神：

哦，博若莱，肥沃的土地，
自豪快乐的人们的家园，
我们爱你，胜过世间万物，
我们就是你的种葡萄工！（唱两遍）

普罗旺斯地区也拥有属于自己的葡萄酒歌曲，第一首便是《神圣的酒杯》，歌词源自弗雷德里克·米斯特拉尔的诗作。

这尊银质酒杯配有一只小葡萄酒桶，实际上是加泰罗尼亚人为了感谢普罗旺斯人曾经热情地接待并收留了被逐出马德里的加泰罗尼亚诗人维克多·巴拉盖而送给他们的礼物。普罗旺斯人回赠给加泰罗尼亚人一个教皇新堡的小酒桶。

普罗旺斯的人们，这就是那尊酒杯，
来自我们加泰罗尼亚人的礼物。
让我们推杯换盏，一同畅快喝酒，

喝我们葡萄园的纯酿美酒。

神圣的酒杯，美汁漫溢，

不断地流，

大量地淌，

里面流淌的，

是强者的热情和力量！

此外，在普罗旺斯的田园曲中有大量与葡萄酒有关的生动有趣的歌曲，这些传统曲目重现了一些宗教神灵感应的场景。比如，节选自赞美耶稣诞生的田园曲《葡萄酒万岁》，便是这一类型的代表性歌曲：

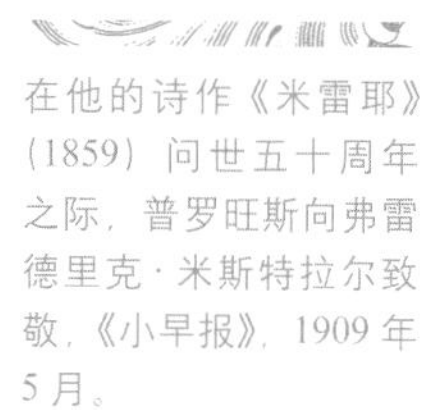

在他的诗作《米雷耶》(1859) 问世五十周年之际，普罗旺斯向弗雷德里克·米斯特拉尔致敬。《小早报》，1909 年 5 月。

葡萄酒！葡萄酒！葡萄酒万岁！

它是最好的药剂。

在卢瓦尔河谷地区，尤其是在旺代省，从 1973 年开始发起了一项收集老歌的重要活动。最终，单单这一个省就有将近 34000 首曲目被收录在册！

例如，《让我们祝福西古尔奈的葡萄酒》描写了一个古老的葡萄酒品种——白福儿，在根瘤病爆发以前，布列塔尼和下普瓦图地区都曾种植过这个品种。17 世纪时，荷兰商人急切地寻找比安茹和图兰酒便宜的柔和葡萄酒，而白福儿正好满足了这一要求，于是恰逢其时地发展了起来：

白福儿万岁，

这疯狂的小葡萄酒，

它在我们的酒窖里
安放了礼拜天的快乐。
……旺代省的山坡
赐予我们白法兰、品诺和拉古当，
但我们唯钟情于白福儿。

《我们喝啊，我的姐妹儿》于1927年第一次在西部发表。这首歌讲述的是一个酗酒的妻子让丈夫心灰意冷的故事：

我的姐妹儿，我们喝上五六杯吧，
我们能喝多少就喝多少，
因为我丈夫收麦子去了，
我们来喝酒桶里的新酒吧。

丈夫回来，看到妻子躺在床上，吐了满地，竟还管他要酒喝，可酒桶已经是空的了…… 他气愤极了，说她简直是个酒鬼，然后哀伤地唱道：

你，还有隔壁那女的，你们简直不可救药，
你，还有隔壁那女的，你们就是两个不可救药的家伙，
你们喝光了我所有的财产，我的孩子们要一无所有了。

《我们仨过去是船员》描述了三个快活的船员，他们溯卢瓦尔河北上直至奥尔良，之后又经由运河进入塞纳河道：

我们仨过去是船员，
我们想要消遣散心，

于是来到古尔蒂耶，

那儿有葡萄酒欢腾闪亮。

他们到了小酒馆，女招待给他们推荐面包、鸭子、红酒洋葱浇汁鳗鱼、土豆、梨子酒和最好的葡萄酒，最后还提议他们晚上去最高的那个房间里“和你们的女仆”睡觉！

这首歌在魁北克也很受欢迎，不过名字改成了《我们仨过去是船长》。这些抵达美洲法属土地上的移民者实际上多数来自法国西

《自信过度》，格勒尼埃的石版画。

部，他们依然保持着他们的传统和民俗，甚至在魁北克拉瓦尔大学存有一些关于葡萄酒的歌曲录音，这些歌曲录音在今天的法国几乎无人知晓，比如《去酒窖，去酒窖，去酒窖》就是其中的一首：

在我爸爸生活的年代，
人们喝啤酒；
而今我喝满杯的葡萄酒，
我完全继承了他的脾性。

在波尔多地区，我们可以列举一首水手的歌——《他们仨以前是水手》，描述了从13世纪起，销往弗兰德地区的葡萄酒量是多么巨大：

他们仨以前是水手，
是波尔多的水手。
嗨！拉啊！啊喔！
他们前往弗兰德，
在荷兰这个国度，
他们去运送酒桶，
嗨！拉啊！啊喔！
装满波尔多美酒的酒桶。

伟大的上帝啊！这真是个苦差事

一般来说，栽种葡萄的地区都拥有一首题献给葡萄种植者的守护神——圣万桑——的歌，甚至还包括那些如今连一棵葡萄树都没有的地区。比如，在塞纳—马恩省，葡萄种植者一边为他们的圣人守护神敬奉一个金色圆面包和一细长瓶葡萄酒，一边唱着：

圣万桑，我们的守护神，
请保佑我们的葡萄嫩芽，
躲过浓雾和冰霜的侵袭。

而提及葡萄种植者劳作的歌却数量极少，我们知道下面这首是由出版商阿泰尼昂于1542年出版的：

圣万桑

让我们歌颂小截枝刀吧！
所有种葡萄的人都使用它。
它是裁剪葡萄枝叶的得力助手，
哦，小截枝刀，哦，小截枝刀……

18世纪，在勃艮第和香槟地区，人们抱怨这一行的辛苦：

伟大的上帝啊！
种葡萄可真是个苦差事。
一年四季，永远在地里劳作。

居斯塔夫·那铎甚至还为葡萄酒发酵谱写了一曲：

《拯救人类的镜子》。

不要打扰新葡萄酒，

它仍在发酵过程中，

除却覆满泡沫的那层黏液，

降低它自身的水平高度。

它为我们清洗污点，

就像坦荡而健康的心灵，

它懂得从心底摒弃掉

那些不纯洁的渣滓。

最后，我们痛苦地回想起玛高奈产区经历的那场根瘤病灾难：

该死的魔鬼，哦，根瘤病！
哦，这场灾难让我们绝望！
如果葡萄死了，哦，不幸！
它的女儿，歌声，也将逝去。
如果你让我们严重缺乏
我们无比热爱的葡萄酒，
我还能从哪儿获得写歌的灵感？
干脆把我的风笛摔碎吧！
在你那遭受毁灭的土地上，
哦，我的法兰西！
再不会有充满希望
充满爱的歌声……
我们的快乐没有了！

我们这些修道院的穷学生……

作为推动葡萄栽培产业复苏的重要角色，同时也是西方音乐的创立者，修道士却并没有受到歌曲的褒奖，反而因为他们酗酒成瘾常常受到歌曲的谴责。比如下面这首歌，就嘲讽了修道院的教规：

像嘉布遣会修士一样喝酒，
少量地喝；
像泽勒斯定会修士一样喝酒，

海量地喝；
像雅各宾俱乐部成员一样喝酒，
一杯接一杯喝；
像科尔得利俱乐部成员一样喝酒，
喝光藏酒室。

旺代省的歌曲《酗酒的修道士》提及了教皇、红衣大主教、主教、本堂神甫、副本堂神甫等各级神职人员，所有人都酗酒，除了修道院的穷学生，因为修道院院长不给他们酒喝！

教皇在罗马的教堂城楼里
喝着散发各种芳香的酒。
为什么他可能不再喝酒了呢？
因为上帝派他去了迦南，
只要他歌唱哈利路亚、
哈利路亚、哈利路亚、哈利路亚。
……而我们这些修道院的穷学生
我们不喝酒，我们悲伤至极。
可我们为什么不喝酒？
因为修道院院长不给我们酒。
尽管如此，我们一直在唱歌……

它们真好听　你的咕噜咕噜

饮酒歌的保留曲目数量极其庞大，其中包括一些伟大的古典曲目：1733 年的《要喝酒，喝酒，喝酒》、1749 年的《圆桌骑士》《喝一小杯》《它是我们的》……对于某些团体来说，像“大桶伴侣”和“快乐酒徒”，这些歌成为了它们的特色曲目，同时，还有许多诸如阿里斯蒂德·布吕昂、雷蒙·苏普莱克斯、夏尔洛乐队以及穆鲁蒂等法国歌手纷纷尝试演唱这些歌曲，而且这样做往往会为他们带来成功。

饮酒歌并不一定是愚蠢和粗俗的。比如，在《冒牌医生》里，莫里哀让斯嘉娜莱尔演唱了一首非常优美的饮酒歌：

它们真光滑，
漂亮的酒瓶，
它们真好听，
你的咕噜咕噜；
可若你总是盛满美酒，
我的命运将遭人嫉妒。
啊，酒瓶，我的爱人，
你为何倒空自己。

莫里哀还创作了一些颂酒咏叹调，这些作品通常由吕利来谱曲。比如这首 1668 年完成的《咏叹调》：

我们喝吧，我亲爱的朋友，我们喝吧，
飞逝的时光邀我们畅饮；
我们要尽我们所能
好好享受生活。
当我们越过黑色的海水，
永别了，美酒，我的爱；

《艺术家的会餐》，贡萨雷斯·高克斯（1614—1684）绘。

我们得赶紧喝酒啊，
我们并非永远都能喝酒……

在《幻灭》中，巴尔扎克强迫他的主人公吕西安·吕邦波莱撰写饮酒歌，来支付他的朋友柯拉丽的丧葬费，其中有一首非常迷人：

希波克拉特向所有嗜酒者
承诺送予他们大量酒。

只要能喝光瓶里的酒，
即使很不幸地小腿撑不住，
不能再去追求年轻姑娘，
那又有什么关系。
手永远都是敏健的吗？
如果我们能手拿真正的奶瓶
举杯痛饮一直到六十岁，
那就让我们笑吧！喝吧！
其他一切我们都不在乎。

埃克托·柏辽兹的《饮酒歌》被收录在《九段旋律》中，这些旋律亦称“爱尔兰旋律”，选用的是由托马斯·古奈翻译的托马斯·莫尔的歌词文本。柏辽兹这首《饮酒歌》的演绎方式包括男高音独唱、男声合唱和钢琴伴奏，表达了一种极度的悲伤和爱情之痛：

（合唱）
朋友们，酒杯冒泡了！
愿它焰火般的光芒瞬间重燃起
我们心中的激情与渴望！
这一幸福的承诺
稍纵即逝。
让我们把痛苦淹没！
（男高音）
哦！勿相信在我的灵魂中
苦痛的折磨皆被赦免！
我的歌声是我胸中激情焰火的回音，
将永远浸满泪水。

《巴拉塔利亚岛总督桑乔的宴会》，查尔斯·约瑟夫·那图瓦尔（1700—1777）绘。

这微笑熠熠生辉在

我忧郁沉思的额头上，

好似一个被俘的国王

头顶佩戴的皇冠……

1932年，莫里斯·拉威尔也尝试用这一歌曲形式创作了《堂吉诃德致他心爱的女人》系列，其中包括一首浪漫情调的歌，一首史诗般的歌，还有一首饮酒歌，皆以保罗·莫朗的诗歌为词。

这是拉威尔完成的最后一部作品，是为奥地利导演乔治·威廉·巴布斯特的影片《堂吉诃德》而作的。但最后被人们记住的却是另一位作曲家的歌曲作品：

非凡的圣母，我迷失在您温柔的眼底，

遭唾弃的杂种竟然说，爱情和陈年老酒

让我的心和我的魂坠入哀伤之谷！

我为快乐而畅饮！

当我喝醉的时候，

快乐是我勇往直前

追求的唯一目标！

为了快乐，为了快乐！

我为快乐而畅饮……

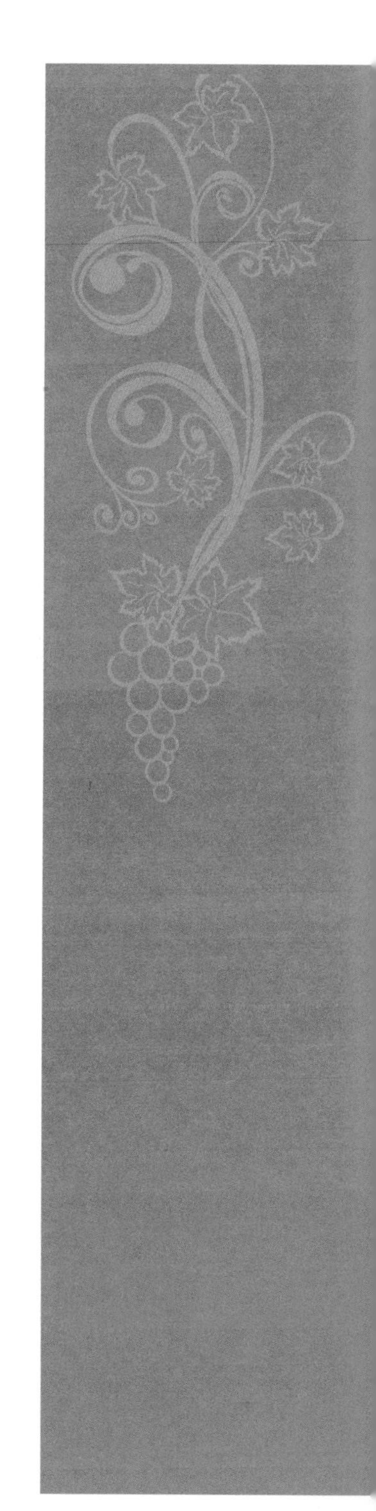

我们家没酒

就连孩子都知道《嘉布遣会女修士，我们一块儿跳舞吧》是让－巴普蒂斯特·克雷芒的作品，此外，他还写了《樱桃时代》和《血腥的一周》。在提及面包后，歌词开始涉及酒：

嘉布遣会女修士，我们一块儿跳舞吧。

我们家没酒，

邻居家有酒。

可那不是我们的。

《好国王达戈贝尔》作于1790年前后，用以嘲讽路易十六，歌中也轻微地流露出对酒的嗜好：

好国王达戈贝尔

喝得东倒西歪；

伟大的圣人以罗伊

对他说：哦，我的王，

我尊贵的陛下

您都走偏了。

那又怎样！国王对他说：

若你喝得半醉，你能比我走得更直吗？

好朋友的酒优先

战后，身为工程师、小说家和小号手的波利·维昂，开始大力推广一种以全新曲调创作歌曲的风格。酒在歌里是民众的象征，比如下面这首《我们不是来找骂的》：

……我的哥们儿于洛过生日那天，

我请他去了一家小咖啡馆，

那儿有地地道道的博若莱，

那可是一等一的佳酿。

醉意浓浓，我们心情无比舒畅，

出了咖啡馆，我打算领他回我家，

可是在面包店的滚筒招牌前我明白了，

我们不是来找骂的……

波利·维昂的歌有时会表达对社会现状的不满，比如在这首《猪头的审判之猪头的控诉》里，他抱怨对烈酒和啤酒征税：

……对于胆敢询问

他的钱去哪儿了的人来说真是不幸。

有一些肮脏至极的马路，

没有学校，却有好些个神甫，

不再有美酒，连劣酒都没了……

他的歌也带有幻想破灭的沮丧情绪，如《满脸通红的醉鬼》：

……永别了船队，葡萄酒万岁！

我们来舔光一罐让人快乐的酒吧，

打倒土地，醉汉万岁！

1959年，他在一首由阿兰·高拉盖谱曲的歌曲《我喝酒》里表达了他生活中的苦恼：

乔治·布拉森（1921—1981）。

肮脏得叫人恶心，可不管怎样它消磨了时间。

在雅克·布莱尔的歌里，我们也发现了某些段落所暗含的对酒的引用，比如这首欢快的《春天里》：

……春天里，春天里，
我的心和你的心，
被重新画上了白葡萄酒的颜色。

在怀旧的《老人》里：

……老人不再做梦，
他们的书里满是倦意，
他们的钢琴早已合上，
小猫死去了，周日的慕斯卡黛也不再能让他们歌唱……

在《最后的晚餐》里，布莱尔叙述了他对于葬礼的最后愿望：

我想要人们在葬礼上喝酒，
弥撒仪式之外的酒，
这可爱的酒，
是我们过去在阿尔布瓦喝的酒。

乔治·布拉森经常歌唱葡萄酒，《哥们儿的劣质小红酒》总是具有一种友好而和善的涵义，这首《小咖啡馆》也是如此：

……如果你有娇嫩的唇，

如果你想喝上等的酒，
那么就来帕西喝吧，
这里的佳酿绝对叫你惊讶。

可如果你的喉咙被
一副坚硬如铁的盔甲填充，
请品尝这丝绒般柔软的
饱含威胁的劣质小红酒……

不过，乔治·布拉森是在1957年完成的《葡萄酒》中，向这葡萄藤下的甘露表达了他最美的敬意：

在歌唱我的生活和致辞之前，
在我笨拙的口中，
我转动了七下舌头……
我属于饮食从不节制的人，
有人告诉我，我曾经
把十月的鲜果汁当作母乳……
我的父母最终在树桩下找到我，
而不是在一棵白菜里，
像极了那些或多或少可疑的人……
作为血液（哦，无与伦比的尊贵）
这葡萄藤下炙热的液体
在我的胸中流淌……
若我们是智者，
我们懂得如何饮酒，
我们得贮藏一个梨子

以备口渴时吃……
一个或两个梨子，
不过得是大腹瓶的形状，
在胖乎乎的肚子里，
盛满了秋天甜美的乳汁……
从前在地狱里，
坦塔罗斯真的受尽苦难，
因为水拒绝浇灌他的扁桃体……
没水喝着实叫人悲伤，
但还是必须要说，

没酒喝的悲伤足有二十倍……
哎呀！他再也不能喝
会弄脏东西的劣质红酒了……
我要去给奶牛挤奶了，
真希望它们产的是酒……
真希望有那么一天
塞纳河里流淌的全是酒！
成千上万的人们蜂拥而至
在塞纳河里淹没他们的痛苦……

于歌·奥弗莱，1966年摄。

60年代的法国民歌带有浓厚的土地和葡萄酒气息，比如于歌·奥弗莱和皮埃尔·德拉诺埃的那首受人尊崇的《你带有土地的芬芳》：

……我的头脑里没有钱，
我的手里也没有钱，

可我觉得每天都在过节，

因为我有葡萄酒和面包。

这里要讲一件趣事：于歌·奥弗莱的另一首歌《斯笃宝》讲的是一匹在比赛中受伤的马，和葡萄酒一点关系也没有。不过，这首歌其实源自一首盎格鲁－撒克逊歌曲，而恰恰是在这个最初的源头中提及了葡萄酒！

由“格林布瑞尔男孩”组合的三个成员拉夫·瑞兹乐、鲍伯·耶林和约翰·荷拉德写作的那个版本被“冬青树”组合在英国演唱过，甚至琼·贝兹也演唱过，它的开头是这样的：

年老的斯笃宝是一匹赛马，

我真希望它属于我。

它从来不喝水，

它只喝葡萄酒。

格雷姆·奥瑞特的保留曲目中描写葡萄酒的歌曲也有很多，其中受到特别好评的是这首《这我还从没见过》：

那晚我喝了一点酒，

当我走进家门的时候，

看到马厩里有一匹马，

那儿本是我的马的地盘。

于是我问我的小媳妇，

你能给我解释一下为什么马厩里

有一匹马占了我的小矮马的位置？

（重复唱）

我可怜的亲爱的，你没看清楚，
你酒喝得太多，已经醉了。
那是我妈妈送给我的一头母牛，
我这一生见过了不少东西，
稀奇古怪的什么都有，
可奶牛上架马鞍，
这我还从没见过。

1973年，马克西姆·勒·福雷斯蒂尔表达了许多对社会的不满情绪。在《无责任心的人》里，酒扮演的不是什么太好的角色：

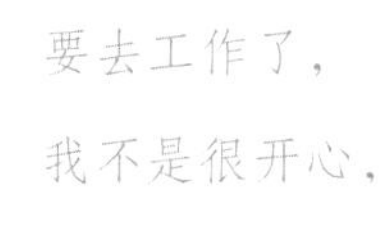

马克西姆·勒·福雷斯蒂尔，2005年摄。

要去工作了，
我不是很开心，
我被人一直领到对面的小咖啡馆。
他们一杯接一杯地卖酒，
生意红火，发了大财。
并没有人强迫我，
不过请客喝酒
确实能提升我的人气。
在这个葡萄酒的国度里，
心中有郁结，
就是爱国的最好表现。

两年以后，马克西姆·勒·福雷斯蒂尔的心情好了许多，他作了一首歌，描写在法国公路上搭顺风车，不过这首歌并没有获得很大的成功：

四天以后

我们带着吉他

依然在那里，

为何不带上一杯酒呢。

每次有人停车

虽然不是过节，

但我们感觉都不错。

让·菲拉的一曲美妙的《高山》描述了那些不得不离开家乡去城里工作的人们的悲惨命运：

……他们所有人的心灵

像葡萄树一样天生美好。

葡萄树跑到了森林里，

再也没法酿美酒。

这劣质酒真可怕，

但若这酒不能让你们晕头转向，

连百岁老人都不知道怎么办。

1964年，克洛德·努加罗来到玛丽－克里斯蒂娜的阳台下，他不确定他喝了酒……但在这首不朽的法国歌曲《我在窗下》里，不可否认他的确喝了酒：

我在，在，在，

在你的阳台下面……

……自从我们分手以后，

我对你发誓，我改变了许多。

你可能都认不出我来了，
首先一点，我再也不喝酒了。

60 年代末，文字游戏大师尼诺·费雷尔在一首歌中，将红葡萄酒和“毛”做了比照：

……在所有酒吧里
我都有作为革命者
每日必读的祈祷书。
我喝好几夸脱红酒，
这是红卫兵的饮料。

1977 年，流行歌手米歇尔·萨尔杜通过演唱《百老汇爪哇舞曲》来谴责葡萄酒的一个时代的结束。此曲由皮埃尔·德拉诺埃作词，雅克·勒沃作曲：

当我们星期六在百老汇跳爪哇舞，
就像是在莫东小镇跳摇摆舞。
我们不需要博若莱，
因为我们有波旁威士忌。

与米歇尔·萨尔杜不同，法国舞台表演歌手并不是每个人都在保留曲目中排除了葡萄酒的身影，埃尔维·威雅尔极力推崇科西嘉葡萄酒：

……科西嘉葡萄酒赐予了我力量

尼诺·费雷尔，1982 年摄。

对你说我爱你。

科西嘉葡萄酒温暖了我的身体

你从此与众不同。

马克·拉瓦纳在《这就是法国》中唱道：

这就是法国，

军用饭盒里的小辣椒，

军用水壶里的葡萄酒。

此外，尼古拉·派拉克演唱了《喝酒让我心满意足》。皮埃尔·巴什莱 1982 年表达了他对《矿工宿舍区》的敬意，这首歌由让－皮埃尔·朗作词：

主保瞻礼节那天

市政厅里挂了一幅让·若莱的照片。

每杯酒都是一块玫瑰色的宝石。

你是我的年份酒，我最美丽的年份

如今的一些乐队把葡萄酒内容的歌当作自己的主打歌，比如香颂乐队在 1994 年演唱了由希勒文·理查尔多作词的《傻瓜》：

布伊、夏布利、勃艮第、

波尔多的大酒庄、

诗侬、杜尔松、圣克鲁瓦蒙、
教皇新堡或博若莱、
里拉克、梅多克、香槟和布里尼·蒙哈榭，
在昏暗的酒窖里老去吧，
每天的生活都很美好。

“第四执照”(Licence IV)乐队的成功也得益于葡萄酒。1986年，由乐队成员F. 瓦歇尔（F. Vacher）和O. 圭佑（O. Guillot）作词，J. 法龙（J. Falon）作曲的著名歌曲《来家里喝上一杯》一举跻身流行金曲的行列：

“来啊，来家里喝上一杯，
有白葡萄酒、红葡萄酒、香肠，
还有圭佑带来了他的小手风琴，
葡萄酒万岁、朋友万岁、歌声万岁！”

2001年，帕斯卡·奥比斯波用更加细腻的方式演唱的优美至极的《年份葡萄酒》，由茱莉·黛眉作词，奥比斯波和卡洛杰罗共同作曲而成，描写了酒的诞生和孩子的诞生之间的相同之处：

在倾斜的山坡上，
在多情的小山谷中，
一缕阳光
洒在我们俩身上。
我一直期待这天空
为我呈现一个迹象，
终于在葡萄园的中心，

我看见了我的城堡。

（重复唱）

你是我的年份酒，

我最美丽的年份。

对于你赐予我的

这份最大的幸福，

我永远是你的土地，

就这样做个父亲。

凡妮莎·芭拉迪的专辑《天赐之福》里有一首歌名为《水和酒》：

水和酒

我想要水和酒。

石头和葡萄

我想要你手中的水，

如果可以，还要你手中的酒。

……味道和面包一样好，

酒跟我说话，

水什么也不说。

另外，歌手雷诺的保留曲目也很值得关注。20世纪70年代中期，雷诺对法国社会持极端的反抗态度，并用一首《六边形法国》刺痛了法国民众：

10月葡萄收获了，

葡萄在酒桶里发酵，

他们自豪自己的葡萄园，

雷诺，1980年摄。

自豪他们的罗纳河谷和波尔多，

他们将这大地的血汁

差不多输往世界各地，

他们的红酒，他们的奶酪，

这是那些烂人唯一的荣耀。

三十年后，在专辑《可怕的熏肉架子》里，口吻明显变温和了，其中雷诺描写了《我最爱的小咖啡馆》：

……勒内·法莱老兄跟我讲，每当他拿苍蝇做诱饵，
鱼儿纷纷触碰钓竿，让他不住地浑身颤抖。
他还跟我讲，葡萄酒，女人，尤其是朋友，
让生活更美好，让失望更遥远。

2006年，荣升年轻的丈夫和幸福的爸爸，雷诺用两首优美的歌曲来抒发他的幸福心情，《老人们》这首歌中描述的生活舒缓安宁地流淌着：

鲜花有时可以
让住所像阳光般温暖，
对父亲来说，一小杯孔德里欧
足以让他们感到幸福。

《五种感官》赞美了生活的喜悦：

除了你那些被禁的水果，
还可以品味什么？
生活中的不可能、意料之外和危险，
还有这杯如此芬芳的陈年红酒，
在你微微张开的嘴唇上
留下我的吻。

乡村音乐、蓝调、爵士乐、摇滚乐、流行乐，甚至说唱乐，没有任何一种音乐风格能脱离与葡萄酒的联系。从“UB40”组合到“何许人”（Who）组合，从伍迪·加瑟瑞到野蛮男孩，让我们出发，去进行一次伟大而奇妙的“葡萄酒环球之旅”！

红葡萄酒
来到我的脑海里，
它让我忘记
我依然那么地需要她。

这首《红葡萄酒》由尼奥·戴蒙德写于60年代末期，可谓享誉全球，尤其是在80年代初经过雷鬼乐队UB40的演唱，立刻荣登畅销唱片排行榜榜首。

对于一首如此明显地提及葡萄酒的英语歌曲来说，获得这样巨大的成功实属罕见。但还是不难找到许多其他的例子，比如，一个狂热地喜爱葡萄酒歌曲的美国人建立的网站上搜集编目了至少 400 首各种音乐风格和形式的包含葡萄酒相关内容的歌曲!

美国民间音乐的创始人伍迪·加瑟瑞也写作了一首《红葡萄酒》，这是他的专辑《萨克和瓦泽蒂歌谣》里的一首歌，讲述了 1927 年，尽管国际社会纷纷抗议，但那些被指控谋杀罪的意大利人仍被施以了电椅死刑。

> 哦，给我倒一杯意大利红葡萄酒，
> 让我在品尝它的时候再一次
> 在我的脑海里，在我的灵魂里，
> 回想起这个比任何事都震撼我的故事。

1952 年，美国钢琴家和歌手小威里·力拓菲尔德在歌里提及了以活跃的夜生活而著称的堪萨斯城（密苏里州）的“葡萄树街”，还有“雪利酒”（即赫雷斯白葡萄酒）。就这样，葡萄树和葡萄酒在同一首歌里完美地聚首了：

> 我对你说过，我会站在
> 第十二条街和葡萄树街交汇的角落里，
> 带着我堪萨斯城的宝贝
> 和一瓶雪利酒。

美国人当然也没遗漏葡萄酒的宗教意义，最早的实践者是乔尼·凯什，他以他那无法模仿的低沉嗓音在《他把水变成了酒》这首歌里讲述了迦南的婚礼的故事：

> 全世界都在流传

在小城迦南，

他把水变成了酒。

乡村音乐女歌手爱美萝·哈莉斯演唱了《蓝鸟葡萄酒》和《再来两瓶酒》：

上帝啊，我们一边听收音机里的音乐

一边喝我们能喝得下的所有蓝鸟葡萄酒，

于是，我醉了。

我的宝贝走了，留我一个人，

不过没关系，因为已经到午夜，

我还有两瓶葡萄酒呢。

民间音乐的保留曲目也包括了许多其他提及葡萄酒的歌曲：《一杯酒之后》《便宜的酒》《喝酒》，吉米·韩德里克斯曾重新演绎过的《给我那杯酒》《甜美的酒》……

在《南瓜葡萄藤》《喇叭葡萄藤》和《新葡萄树街上的蓝调》里都有葡萄树和葡萄藤的出现。

乔尼·凯什，在化妆间，约1960年摄。

给你的男人一大瓶红酒

在蓝调音乐领域里，嗓音极具震撼力的优秀吉他手路德·阿里森，在《樱桃色的红酒》里描写了一个丈夫对自己酒鬼老婆的苦恼：

老婆，我看着你毁了你自己，
你什么都不做，只是不停地喝酒。
你让我很担心，宝贝，
我坐在这儿，想知道我究竟能做些什么。
亲爱的，我们还有那么多事情没经历过，
可我无法再待在这儿了，我无计可施，
只能眼睁睁地看着酒在毁了你。
宝贝，你要是继续喝这邪恶的酒，
你的坟墓上将长满樱桃红的杂草。

德克萨斯州的蓝调艺人莱克林·霍普金斯在对棉花地的长篇抱怨中，也提及了一个“喝酒的女人”。他的另一首歌《喝水果混合酒》描写了这种由葡萄酒和水果渣滓混合制成的饮料。

虽然埃里克·克莱普顿喜爱可卡因胜过酒，但在他的保留曲目里还是有这样一首《一瓶红酒》，不过可惜的是并没有获得太大的成功：

> 今早我感觉很糟，我的偏头痛特别厉害，
> 求求你了，宝贝，求求你，
> 求你快起来，去给你的男人找一瓶红酒，
> 起来，你快起来啊，去给你的男人找来
> 一大瓶，一大瓶红酒。

现在让我们列举美国蓝调音乐中拥有最美丽歌喉之一的女歌手艾拉·菲茨杰拉德，她演唱过一首动听的歌曲，名为《她的眼泪

艾拉·菲茨杰拉德（1917—1996）。

像酒一样流》。

美国非常重要的音乐家汤姆·维茨在 1980 年出版了一张标题神秘的专辑——《心脏病发作与葡萄藤》。那时，他刚刚戒烟，也戒了烈酒，只沾葡萄酒，在一次采访中，他还吐露说特别喜爱“加州乐事夏布利”（Carlo Rossi Chablis）。

最后，介绍一下琼·阿玛特莱丁演唱的《加葡萄酒的水》：

这位男士感觉越来越热，
可我没有力量让他不热。
我想已经太晚了，
不过下次我就会知道，
该往水里加点葡萄酒。

我要喝酒

1937 年，小号手迪兹·吉尔斯庇和“泰迪山乐队”一道首次访问巴黎。1948 年他携他自己的乐队重返巴黎，并在那里为后世留下了一首《科涅克白兰地蓝调曲》，这首歌曲获得的成就是不朽的，时至今日，美国黑人说唱歌手也不可否认这一点。

男低音歌手蒂恩·马丁热爱美女和美酒，他为美国人民低声吟唱过《宴会女孩和葡萄酒》《嗨兄弟，倒酒》，还有《年老的小酒徒》，这首歌埃尔维斯·普雷斯利（即“猫王”。）也曾经演唱过。

爵士乐鼓手杰瑞·穆里根演唱过《新酒》，弗兰克·辛纳特拉用《我要喝酒》和《有酒和玫瑰的日子》为爵士乐作出了自己的贡献。这首《有酒和玫瑰的日子》非常优美动听，是为一部同名

妮娜·西蒙娜，1959年摄。

电影而写的，讲述了一个酗酒的男人使他年轻的妻子陷入地狱般痛苦的悲惨故事：

> 生活、酒、玫瑰，它们在笑，像个玩耍的孩子一样跑开了，
> 穿过草原，走近一扇紧闭的门，
> 门上写着“决不再重蹈覆辙”，过去门上没有这些字。

小格罗沃·华盛顿（Grover Washington Jr），不仅演唱过令人难忘的《就我们俩》，还创作了一张器乐专辑《酒之光》。在光盘盒的封面上，一把萨克斯风和一杯红酒在一束光线的照耀下相互映照着各自的光泽。

在灵魂乐方面，虚幻神秘的《敲木头》的作者艾迪·弗洛德，创作的另一首歌《酒为什么更甜美？》却并不十分有名。

最后，我们要提到妮娜·西蒙娜，这位卓有成就的女歌手以及为美国黑人的权利而奔走呼号的女斗士。她曾演唱过一首伟大的经典曲目——《丁香酒》，这首歌也曾被许多歌手如杰夫·巴克雷演唱过：

丁香酒温柔，使人头晕，就像我的爱。

丁香酒，我感觉天旋地转，就像我的爱。

听我说……我看不清楚，

它是不是不来到我身边，紧紧靠着我。

葡萄酒与摇滚乐

摇滚乐歌手甚至在他们的保留曲目中也融入了葡萄酒的内容，最初的实践者是埃尔维斯·普雷斯利，他有一首《葡萄酒、金钱和爱情》：

蒂恩·马丁，60年代摄。

葡萄酒、金钱和爱情

葡萄酒万岁，金钱万岁

爱情万岁。

我爱喝酒，有钱很棒，

可我更爱姑娘。

葡萄酒万岁，金钱万岁，爱情万岁。

唐纳斯·范·赞德是个没车没房的“十足的失败者”，他写了一首关于“雷鸟酒”的歌，这种酒的酒精含量很高（超过17°5），禁酒令废除后，在社会底层民众中有售。

作为70年代备受推崇的艺术家，弗兰克·扎帕不仅演唱过《出色的酒鬼》，还演唱过《葡萄酒男人》：

好吧，我是葡萄酒男人，

你不知道我是谁吗？

Who乐队是英国最为著名的摇滚乐队之一，堪称60年代的象征。尽管《陈年红酒》这首歌的遭遇简直可以说是个悲剧，但他们并未从此排斥在歌里描写与葡萄酒有关的内容。实际上，吉他手皮特·唐申德写这首歌是为了缅怀在2002年，当Who乐队重回国际舞台时，因突发心脏病而去世的贝司手约翰·恩威斯特。约翰·恩威斯特是个名副其实的葡萄酒爱好者，下面这首十分感人的《陈年红酒》足以证明：

陈年红酒
度过了它的时代，
越过这条线以后
或许它想要结束。
陈年红酒
不值什么钱，
你应该和她一起
再喝它一回。
亲爱的陈年红酒
沉寂了四十年，
老鼠吃掉了酒标。
我们不知道买的是什么酒，
回到加利福尼亚的家中
他们为弱者备好了酒。
有鲍尔，有菲尔莫尔，
有女人，有希腊人。
你闻一闻瓶塞

细心分辨挑选，
拿起酒杯对着光
透过水汽用心凝视。
陈年红酒
度过了它的时代，
我需要和你一起
再喝它一回。
让它呼吸。

比尔·怀曼，滚石乐队成员，1969年摄。

加入滚石乐队长达30年的贝司手比尔·怀曼录制过一张独唱专辑，其中有一首《葡萄酒和女人》：

葡萄酒、女人，还有歌，总是让我悲伤；
爱情、亲吻和拥抱，我从未曾拥有过。
如果这种情况可以结束，
可能我会找到我该做的事。

1976年，“老鹰”乐队推出了他们的第五张专辑，该张专辑畅销全球，年轻一代热血沸腾，踏着《加州旅馆》的节拍激情舞动……这首歌说的是酒：

然后我给船长打电话：
请您给我带点酒过来。
他说，自从1969年我们就再没有过那种烈酒了。
……天花板上有镜子，
粉红葡萄酒却在冰里……

除了皮特·加布里埃尔的器乐歌曲《面包和葡萄酒》，我们要以西德·贝瑞特来结束摇滚乐这一标题。他是幻觉派音乐的里程碑式人物，以及“平克·弗洛伊德”（Pink Floyd）乐队的创立者，演唱过《喝过酒也吃过饭》：

我喝过酒也吃过饭，就像一场梦境。
女孩是如此善良，
一种我从未见过的爱情。
就是去年夏天，并不是很久以前……
就是去年夏天，大约现在该起风了。

平克·弗洛伊德乐队，1967年摄。从左至右：罗杰·瓦特斯、尼克·马松、西德·贝瑞特和瑞克·莱特。

倒酒啊

在流行乐世界里，“动物”乐队的创立者埃里克·波顿在《倒酒啊》里要酒喝：

> 倒酒啊，把这珍珠拿走。

“沙滩男孩”乐队在加利福尼亚的海滩上演唱《酒，酒，酒啊》，而保尔·麦卡特尼和队友一起为他们“甲壳虫”乐队的专辑《佩珀军士寂寞芳心俱乐部乐队》录制了一首《当我 64 岁》：

> 当我慢慢变老，多年以后，掉光了头发，
> 你还会一直送我情人节卡片，
> 送我生日贺卡，送我一瓶葡萄酒吗？

在乐队解散后，相当消沉沮丧的保尔·麦卡特尼写了一首《酒鬼琼柯》，讲述了一个老酒鬼的故事：

> 酒鬼琼柯无法说不，
> 酒鬼琼柯两眼发光，
> 天生的笨蛋，开始逃跑，你无法说不，
> 直到你再次沉沦。

甲壳虫乐队的鼓手，林戈·斯塔尔在《葡萄酒，女人，大声的幸福歌》里表达了他的沮丧：

葡萄酒，女人，大声的幸福歌
我曾拥有这三样，但却都不长久。
女人们离开了，我喝光了所有酒，
我一毛钱都没有，歌声也枯竭了。

像一瓶“教皇新堡”

作为嘻哈音乐历史上最杰出的白人说唱歌手，“野蛮男孩”乐队成员绝对是葡萄酒爱好者。他们的发展史要上溯至20世纪80年代，在纽约的朋克俱乐部里。时至今日，在他们二十年间出版的六张专辑中，有四张名列排行榜榜首。早在1996年，他们的专辑《在声音的出口！》里就有一首《喝酒》。

不过，真正鲜明地证明了他们拥有丰富的酿酒工艺学知识的，则是1998年的专辑《嗨，讨厌的家伙》，其中的《舞动身体》以

说唱的节奏，以美语的发音，提到了教皇新堡：

> 这首曲子让你疯狂，
> 我们无法向人们解释这种思维模式，
> 这就像一瓶教皇新堡的葡萄酒，
> 当我开始说唱的时候，我感觉像酒一样好。

没有未来

创建于1982年的爱尔兰朋克乐队“波格斯”（The Pogues）大声喊出了他们对葡萄酒、啤酒、威士忌，甚至苹果酒的无限热爱！

不过，《美杜莎的醒悟》是比较朴素的：

> 客人们保持着安静，
> 他们互相打量，喝着酒。

在《巴黎圣日耳曼》里，这个有点疯疯癫癫的乐队甚至表现出一种优雅：

> 城市里的阳光已被冬季减弱，
> 任何装满酒的羊皮袋都无法抵御这一寒冷。
> 河流结冰，我们要被冻得发抖，
> 问暗淡的天堂：我们迷失在了哪个地狱？

有魔力的香槟！

在盎格鲁·撒克逊歌手的保留曲目中，香槟占有着特殊的位置。应该说香槟的名望并非始于昨天，在20世纪40年代，吉恩·阿蒙斯演唱了《红色瓶套》——为最优质的香槟装点瓶颈的红色瓶套。而50年代的蓝调音乐家豪林·沃夫则为《CV酒》（即"天鹅绒香槟酒"）做了宣传：

> 我要订一瓶CV，
> 我爱CV，喝起来感觉很好。
> 来试试CV吧。

奥蒂斯·雷丁，所有时代最伟大的灵魂乐歌手和表演家，他演绎过一首气势恢宏的《香槟和葡萄酒》：

> 香槟和葡萄酒
> 你将拥有它们，
> 香槟和葡萄酒
> 一定会有它们，
> 只要你和我在一起。
> 我会敲你的门，
> 我想要我曾有过的那样的爱情……
> 我会给你香槟和葡萄酒
> 我想要你爱我，宝贝
> 我真的需要你，亲爱的
> 我真的想要你，宝贝。

《有钱的恶人来到地狱》，年轻者大卫·德尼埃第二（David Teniers II, 1610—1690）绘。

《欢乐或艺术家之行》，莫里茨·冯·施文德（1804—1871）绘。

CHAPTER 3

第 3 章

音乐家生活里的葡萄酒

Le Vin & la Musique

《朝圣者归来》，路易—朱利安·欧勒奈特·杜·沃特耐（1786—1853）绘。

不论是戈利亚德云游诗人，还是萨瓦人菲利波，抑或是受邀进入勃艮第公爵宫廷的法兰克－弗拉芒作曲家，总之，葡萄酒极大地启发了这些中世纪和文艺复兴时期的歌曲作者。

我的老兄，十足的酒鬼

中世纪有盖高脚杯，公元 14 世纪。

戈利亚德修道士，这些脱离了教会束缚的云游诗人，他们创作的歌曲说的都是歌曲本身，葡萄酒一直伴随着他们遍布欧洲每天放荡的生活。

虽说他们在作品里描写葡萄酒更多的是为了揭露教会神职人员和执政当局的暴行，但总体的叙述口吻的确非常堕落腐朽。“戈利亚德”这个名称源自拉丁文“gula”，意思是嗓子、贪吃。公元 12 世纪，牛津小镇的主教代理沃特·迈普化名为“Golias”，以揭露教会的习俗。到了公元 13 世纪，教会明令禁止了戈利亚德修士的活动，并撤销了他们作为修道士的一切特权，从而加速了他们这一群体的消失。

与之相比，法国南方的行吟诗人对饮酒歌持有不同的观念。深受格里高利文化的浸染，这些走南闯北、走街串巷的行吟诗人来源于各个社会阶层：既有大领主，如普瓦捷纪尧姆九世，也有出身非常卑微的人物，比如贝尔纳·德·梵塔杜的父母，都是梵塔杜城堡里的佣人。偶尔，他们也会在教堂里任职，这样就能容易地喝到酒，尤其是能保证他们有固定的收入。

雅克·那夫龙，皮埃尔·勒·德古尔第，雅娜·拉·德加热。

南方行吟诗人的艺术在有着葡萄酒之乡美誉的阿基坦地区非常繁荣，那里的圣马修·德·利摩日修道院自公元9世纪开始便享有盛誉。

今天，我们知道差不多500位南方行吟诗人的名字，其中有40多位女诗人，但却很难确切地弄清楚他们的生活细节，尤其是他们饮酒的情况。除了这些行吟诗人，还有一些音乐家歌手专门演唱抒情曲目。人们把这些街头卖艺人称作吟游歌手，他们一路溜达到宫廷和城堡里，奉上他们的滑稽表演，将他们的歌曲传遍整个国家。

1208年到1229年发生的十字军征讨阿尔比教派的圣战终结了奥克文明以及奥克艺术的表达方式。南方行吟诗人在意大利、西班牙和葡萄牙避难，从而也促进了他们的歌曲在这些国家的传播。

在卢瓦尔河北部地区，公元12世纪末期，出现了北方游吟诗人。十字军远征便利了南方行吟诗人和北方游吟诗人之间的沟通交流，但后者发展起来的是一种更多的带有戈利亚德修士印记的诗学艺术，常常带有讽刺意味和资产阶级庸俗化趣味。

例如，香槟地区的游吟诗人柯兰·缪塞培养了对美酒和美好生活的乐趣。应该说非常多的北方游吟诗人出身于城市平民阶层。

公元13世纪，纪尧姆·德·贝督纳宣布：“圣母玛利亚祝福葡萄树的诞生为的是，让灵魂在经过葡萄酒的洗礼之后能摆脱掉一切奴役，并拥有爱的能力。”

在诺曼底诗人亨利·丹德利的《葡萄酒之战》里，有一篇韵文讽刺故事列出了一份当时的葡萄酒清单：阿尔萨斯产区葡萄酒、贝利产区葡萄酒、香槟产区葡萄酒、法兰西岛产区葡萄酒、塞浦路斯产区葡萄酒……

公元13世纪，还是在法国北部地区，又出现了吟游诗人，这个词源于通俗拉丁语，原指在庄园主家里负责主持宗教仪式或日课经的教士或在俗信徒。吟游诗人负责举办娱乐和节庆活动，期间总少不了音乐的。

公元14世纪初，他们甚至还创立了一些协会和行会，来捍卫并通过制定规章来管理他们这一职业。封斋节期间（节庆和娱乐活动在此期间是被禁止的），恰逢博韦、冈布莱、巴黎、里昂等地举办一年一度的聚会，他们便借此机会更新曲目，学习新的技巧，购买乐器……

你们在哪儿，十足的酒鬼？

我们对15世纪以来的音乐家的生活了解会更多一些。例如，以一部《滑稽饮酒歌集》而被誉为饮酒歌之父的奥利维耶·巴斯兰，在英法交战正酣的年代，生活在诺曼底地区。他写了六十多首赞美葡萄酒的颂酒歌，有人说他曾经是威尔河谷地区的磨坊工或者毡合工，还说他经常在一些值得纪念的节日里和他的快乐的伙伴聚会。他的作品无可争辩地表明了他对葡萄酒的热爱：

你们在哪儿，十足的酒鬼？
你们在哪儿，吃饱喝足的大红脸？
你们在哪儿，我的朋友？
我的老兄，十足的酒鬼！

……美酒赋予生病的身体以元气和力量。
它驱散暗淡的悲伤，滋养身体，净化心灵。

《音乐会》，浅浮雕，瓦伦丁·德·布罗涅（Valentin de Boulogne，1594—1632）绘。

《手摇弦琴演奏者盲人弗雷龙在休息》，皮埃尔·安东尼·穆甘（1761—1827）绘。

……葡萄酒让面容变美丽！
比起喝水的人那苍白羸弱的脸色，
如美丽的红宝石一样闪亮的
活力充沛的红润脸色不是更好吗？

15世纪的法兰克－弗拉芒歌曲作家，如纪尧姆·迪费、约斯坎·德普雷、让·理查佛尔和卢瓦塞·孔佩尔，他们都创作过极其优美的写葡萄酒的歌曲。他们的生活方式，即他们在勃艮第公爵宫廷还有偶尔在意大利生活过的经历，意味着他们很有可能品尝过最好的葡萄酒。比方说，纪尧姆·迪费从罗马回来以后，在冈布莱得到了一份负责“葡萄酒和食物配给”的职务，也就是为本教区所有的神职人员购买面包和葡萄酒。

作曲家卢瓦塞·孔佩尔是勃艮第公爵宫廷的常客，他的《安静吧，喧嚣》表现出某些纵酒的倾向：“安静吧，众人的喧嚣，让我们唱歌、品评我们的曲调。……现在应该去到泉水池边，在那儿，酒神端坐宝座上，但愿清水能让位于葡萄酒的溪流。”

让·理查佛尔的作品曾被拉伯雷在《巨人传》第四卷里引用过，他写过一首《快点玩牌啊！得喝酒》，揭示了他对葡萄酒的喜爱。

克雷芒·亚纳坎是16世纪上半叶著名的作曲家，据推断，他是《快啊，逃啊，喝啊》的作者，或许也是《当我喝淡红葡萄酒》的作者，他的生活轨迹可以说与葡萄种植区完全贴合。他很可能是夏岱尔罗地区的一个客栈老板的儿子，先被授以神甫圣职，后被任命为圣艾米莉翁的议事司铎，随后又在波尔多安家。后来，他前往另一个葡萄种植区——安茹，在随后的十几年间，他一直担任安茹地区大教堂乐师这一职位。他与拉伯雷、乔希姆·杜·贝莱、让·德·莱斯宾等都有交情。他的大多数歌曲都写于小城昂热。他的歌富于乡村田园的欢快情调，像安茹的葡萄酒一样明亮闪耀，也表现出它的滋味：克雷芒·亚纳坎和他的朋友们都非常喜爱安茹葡萄酒。

喝过了酒，音乐家们就在朋友的住处举办音乐会。人们弹奏小型拨弦古钢琴和沙龙管风琴，还饶有兴致地表演“阿卡贝拉无伴奏合唱”。

作为教堂乐师，亚纳坎还掌管着多个小礼拜堂的收入。其中的一个礼拜堂拥有弗阿希埃尔种植区的10块葡萄园。这个种植区位于昂热郊区，处在曼恩河右岸，阳光特别充足，风土极佳。尽管有事业的成功，并受皇室大人物的庇护，但亚纳坎最终贫困潦倒，在巴黎去世。

我们对亚当·尤比这位“尼维尔细木工匠”的故事很熟悉，尽

管他出身卑微，但他深深留存在后世的记忆中，并极大地启发了18世纪的小调歌手。亚当·尤比是个相当漂亮的小伙子，边干活边唱歌，赢得了顾客的重视和喜爱。人们经常给他比别人更多的小费。路易十三统治后期，他进入巴黎上流社会，甚至还因唱了黎世留的赞歌而得到了一笔膳食费，他遂成为了各沙龙的宠儿，然而1662年，在他的第二部诗歌和歌曲作品集出版之前，他便去世了。次年，这部作品集终于出版，序言里指出“亚当大师的大多数作品是在手端酒杯的时候构思出来的”。而其中的一首歌曲也确认了这一论断：

金色的阳光再次洒满山坡，
心中骤然涌起喝酒的欲望。
我抚摸着酒桶，陶醉地望着曙光，
手里拿着酒杯，我对它说：
我们在河边见面的次数
比在我红宝石般的鼻头上多吗？

菲利波，首位流行歌曲明星

17世纪颂酒歌的另一位伟大人物当属绰号为“萨瓦人”的菲利波，他在巴黎的新桥上唱歌四十多年。历史学家克洛德·杜纳东认为，菲利波是流行歌曲历史上的首位大明星。必须要说的是，除了有天赋，菲利波还是个盲人，这对于一个快乐的诗人来说并非寻常事。

人们叫他萨瓦人，可他自己也不确定他是否来自萨瓦地区。他歌唱“好吃的”和“好喝的”，可在他那个年代，还有很多人吃不饱肚子。他是个体格强健的酗酒者，我们甚至可以猜想正是酗酒过度造成了他的失明。

他对古希腊罗马神话很了解，有非常高的文化修养，这似乎可以证明他并不是天生眼盲。他的饮酒歌细腻巧妙，其中赞美精致菜肴的颂歌反而比呼吁纵酒狂欢的歌曲要多。

菲利波本人也把他自己的失明归因于饮酒过度，对此，他在《我是那个赫赫有名的萨瓦人》里有所表明：

……这酒，我被它迷惑，
尽管受到这种冒犯，
但为了永远被爱
它消除了视觉的遗憾。

……荷马，神圣的歌者，
像我一样值得被纪念，
他对美酒怀有如此多的爱
以致喝得太多而丧失视力。

在另一首歌里，他宣布：

请不要忘记那个萨瓦人
……若他不曾如此放荡，
他也不会双目失明。

克洛德·杜纳东的一项研究显示，随着他视觉神经的退化，菲利波很可能在22岁至25岁之间丧失了视力，这或许是由于他过度饮用烈酒造成的，他不仅喝朗姆酒、苦艾酒，还喝一些掺假的有害烈酒。

无论是平凡的小调歌手，抑或是伟大的作曲家，几乎没有哪个音乐家不喜爱葡萄酒，甚至有些人还表现出在葡萄酒方面渊博的学识和高雅的品位。

毫无疑问，小调歌手，尤其是19世纪“酒窖吧歌舞狂欢团”的小调歌手钟爱葡萄酒。

第二帝国时期，圣－伯夫对此做了很好的描写：人们毫不含糊地在践行着伊壁鸠鲁主义；人们反复地合唱阿尔芒·古费的纵酒狂欢圆舞曲，人们变得更加疯狂…… 纷纷涌向歌舞演出咖啡馆和夏尔特尔咖啡馆，哼唱着德佐吉埃和酒窖吧的座右铭：

爱吧，笑吧，喝吧，唱吧，
你只能活这一次。

自“酒窖吧”初期开始，葡萄酒便处于俱乐部活动的核心。比如，让－弗朗索瓦·德拉·哈尔珀将夏尔·帕纳尔描述为“本性正直、作风纯朴、思想健康的人，尽管是个职业酗酒者”。而快活、率真、忠诚、深受伙伴喜爱的夏尔·柯雷，却不无遗憾地感叹，帕纳尔的

生活距离上流社会太远了："帕纳尔先生将自己过多地封闭在资产阶级的范围里，他还有点过于频繁地出入夜总会。"柯雷的歌曲《为什么喝水呢？》很有说服力：

《前往圣－克劳德的路上》，奥诺雷·多米埃（1808—1879）绘。

让我们逃离这可怜的饮品吧，

它是鱼儿才需要的东西；

诸神降下的这命中注定的祸害

只是留给凡间的蠢货的。

嘿！那为什么还喝水呢？

难道我们是青蛙？

19世纪20年代，在酒窖吧的聚会中占主要地位的是马克·安东尼·德佐吉埃这位无与伦比的歌手和即兴演奏家。1859年，借德佐吉埃的歌曲再版之际，专栏作家阿尔弗雷德·德尔沃描述道：“在华美绚丽的各种聚会当中，忧愁和烦恼都淹没在了充满快乐和阿伊葡萄酒的河流里。”实际上，阿伊葡萄酒在第二帝国时代非常流行。德尔沃继续讲述：“既来之，则安之，他喝最优质的葡萄酒，评价最优质的男人，爱最优质的女人，在所有罪恶、所有荒谬之事面前，他放声大笑——不想纠正任何事或人。”

德尔沃将德佐吉埃和贝朗热做了比较（德尔沃视贝朗热为偶像，因为贝朗热和他一样也是共和党人）：“不能把德佐吉埃和贝朗热相提并论，他们俩之间没有任何关系。我们喝酒的时候唱其中一个的歌，尤其当醉意正浓的兴奋时刻我们要唱他。我们做梦的时候唱另一个的歌，我们要读他。其中一个的歌就像人来人往的公共场所小餐厅，而另一个的歌则是……不一样的东西。‘博纳和香贝丹’！这是德佐吉埃的旗帜上写的——像桌布一样白的一面旗子。‘祖国和自由’！这是贝朗热的旗帜上写的——这是一面三色旗！”

法国诗人和小调歌手皮埃尔-让·贝朗热（1780—1857）在监狱里。根据让·奥古斯特·杜布罗兹（1800—1870）的油画而雕刻的版画。

但德尔沃似乎也承认，生活中只有政治信仰是不够的：“应该笑生活里的一切，一切人，一切事。这样能给人以安慰和鼓励。鸟儿在唱：让我们歌唱吧。勃艮第繁茂山坡上的葡萄园，如我们所愿被染成了金黄色：让我们喝酒吧。唱歌、喝酒、喝酒、唱歌——这是任何一个健康善良的人的职责。要生活在令人愉快的难忘的生命里——这也正是古代最雄辩的伊壁鸠鲁主义者贺拉斯嘱咐我们的。”

1813年，皮埃尔－让·贝朗热由德佐吉埃介绍加入“酒窖吧”。随后，在维克多·雨果、阿尔方斯·德·拉马丁和阿尔弗莱德·德·维尼的时代，贝朗热成为享誉海内外的最有名的法国作家和民族诗人。全法国都知晓他的歌：在田间，在作坊，在小酒馆……人们到处传唱他的歌曲。然而，他拒绝进入法兰西学术院，拒不接受荣誉和膳食费。

这位政治哲理性歌曲的开创者同时也写作了大量赞美葡萄酒的文章，由此证明他应该非常喜爱酒。视他为偶像的圣－伯夫在1861年11月18日出版的《新周一漫谈》第一卷中谈及他：“一方面，我们有一个善良、敏感、宽容、快活的贝朗热，总是手里拿着酒杯，为穷人和轻佻女子痛惜流泪并为之祈福，跟胖乎乎的神父、年老的军士等底层人民一起干杯畅饮……这个贝朗热，是大众眼中熟悉的贝朗热，受人喜爱。接下来是个完全相反的贝朗热，伪善的，算计一切，嘲笑一切，总是能从棘手的状况里脱身。最后，还存在着一个‘真正的’贝朗热，喜怒无常，复杂多变，但也脆弱，对生活满怀激情，偶尔腼腆，时而雄心勃勃，经常令人生畏，永远魅力四射。”

皮埃尔·杜邦是为田间农民演唱的歌手，他在葡萄酒中寻找到不竭的灵感源泉。1851年12月2日政变发生后，由于他的歌曲以及他作为社会共和党人的声望，他被判处7年流放，之后他请求宽恕并获准。然而，这给他的声誉带来了致命一击：资产阶级对他表示怀疑，无产阶级不能原谅他在权力面前如此卑躬屈膝。

在《贫民的檄文》中，皮埃尔·布罗松描述了这位法国著名小调歌手的结局："没过多久，这位遭到贬斥的无能为力的诗人，放任自己沉沦在酒精麻痹之中，成了一个穷困潦倒的人。"他死于1871年，终年50岁，死因也许是某些"令人遗憾的习惯"（引自他去世第二天《费加罗报》发表的悼念文章）导致的肝硬化发作。

吕利，放荡之人

乔瓦尼·帕蒂斯塔·吕利在佛罗伦萨被吉兹骑士发现，开始为蒙庞西埃公爵夫人玛丽·露易丝·奥尔良服务。他只是个小仆人，天生顽劣，喜爱美酒和佳肴，经常光顾巴黎的"洛林十字架"或者"美丽旋律"小酒馆。在那里，他结识了最为著名的皇室音乐家和诗人，在这些放荡的场所自甘堕落。

他为这个圈子里的朋友带来欢笑，为他们帮点小忙。他喝酒时一饮而尽的本事受到所有人赏识，尤其是国王乐队的24位小提琴手，接纳他进入他们的圈子，而吕利也借此机会了解了有关他们演奏技巧的所有秘密。

当路易十四登上了王位，吕利便离开了那位"大郡主"，来到皇宫自荐当舞者。借助人际关系，他加入了专门取悦国王的演出团。为了让国王高兴，他使出浑身解数，在演出幕间插舞期间，他毫不犹豫地装扮成酒神巴克斯的滑稽模样，逗乐国王。这是他漫长晋升路的开始，直到有一天，由他来组织皇宫里前所未有的最杰出的节日盛会，比如1664年在凡尔赛宫举办的"迷人岛欢乐会"，或是1672年在网球场剧院举办的"酒神和爱情联欢节"。

和莫里哀一起，吕利成为“美丽旋律”“白色绵羊”等小酒馆里的常客，一杯接一杯地喝酒，鬼哭狼嚎似的胡乱唱几段，偶尔还优美地弹奏起小提琴，惊得一众酒徒目瞪口呆。在莫里哀失宠以后，他又和让·拉辛成为好朋友，晚上一起四下里闲逛喝酒。后来他与让·德·拉封丹的一次合作计划流产，导致拉封丹没能写作一部歌剧的脚本，拉封丹很恼火，用一首讽刺短诗报复了这个原籍佛罗伦萨（他1661年加入法国籍）的家伙：

你们还不认识那个佛罗伦萨人吧，
那是个下流坯子，是个奸诈的小人，
他吞噬一切，咬住一切，抓紧一切：
他有三副喉咙。

“国王的历史”续篇，系列5，补充画3：路易十四的儿子大王储在圣日耳曼昂莱大教堂接受洗礼，1668年3月24日，德拉图尔工作室（18世纪）绘。

遭到国王摒弃，周身树敌无数，但直至生命最后，吕利一直频繁地光顾小酒馆，边喝酒，边忧伤地唱歌，唱他的朋友莫里哀的《贵人迷》：

我们喝吧，亲爱的朋友，我们喝吧！
飞逝的时光邀我们畅饮。
我们要尽我们所能
好好享受生活。
当我们越过黑色的海水，
永别了，美酒，我们的爱；

我们得赶紧喝酒啊!

我们并非永远都能喝酒。

在他 54 岁时，这位法式歌剧之父离开了人世。对此，路易十四国王却毫不知情。而当国王本人濒临生命尽头时，他回想起了吕利和莫里哀，他们俩，一个拉着小提琴，另一个打扮成《贵人迷》里土耳其爵士马马姆齐的模样，笑着唱：

快啊，快啊！到处都是酒，倒酒，小伙子，倒酒啊，

倒，一直倒，直到我们对你说：够了！

18 世纪快乐的法国音乐家

18 世纪的音乐家可谓是十足的酒徒。在《忏悔录》里，卢梭说，他年轻时的音乐老师很爱葡萄酒，他在房间里演奏大提琴的时候，虽然并没有真的喝醉，可却总是“醉晕晕的”。

小说《康素爱萝》的故事发生在 18 世纪，乔治·桑在书中证明，不喝酒的音乐家是多么令人生疑：“你们这些音乐家可真奇怪！梅儿笑着大声说，表情坦率，一副无忧无虑的样子，不喝酒的音乐家！我可是第一次遇见你们这样的。”

18 世纪的歌剧剧本作家大量地歌颂葡萄酒，也许是通过这样的好途径来弥补饮酒对嗓子造成的不好影响！

有人说，让－塞巴斯蒂安·巴赫买酒花的钱比用于旅行的钱要多，他的大提琴组曲甚至还提到了勃艮第产区的特级酒庄！

最后，写作了《奥尔菲与尤莉迪丝》和《阿尔塞斯特》的歌剧

《正在为鲁特诗琴调音的女人》，盖瑞特·范·弘奥斯特（1590—1656）绘。

作家格鲁克骑士享有这样的美名：他只有坐在草地上，身边的冰镇桶里放上好几瓶香槟的时候，才能够写作。

海顿，享乐之人

海顿是个会享受生活的美食家。1779 年，在他的保护人艾斯特哈慈王子身边忠心地服侍了 18 年之后，他除了要求改善他的基本生活条件以外，还不忘讨价还价，要求以小教堂院长的身份获得“九小桶葡萄酒”，再以管风琴演奏家的身份获得“另外九小桶”。

约瑟夫·海顿（1732—1809）。

在他 1791 年写给他的维也纳朋友玛丽娅娜·冯·詹金格的信里，海顿抱怨了他受到各种活动的邀请。例如，他受邀参加伦敦的一个共济会会堂举办的音乐会，还被当作主角一样地受到欢迎，音乐会后还被邀请在一个容纳了 200 名音乐爱好者的漂亮大厅里吃晚餐。“我被认为应该坐在显赫人物那桌，可那天我在城里吃过晚饭了，而且吃得比平常多，所以我借口不舒服，拒绝了这份荣誉。尽管如此，我还是没能免于要跟所有到场的宾客碰杯致敬，喝了好多杯勃艮第，而且得等到他们都回敬了我之后，才让我回家！”

他曾受邀参加了一个由约克公爵夫人举办的游园会，记下了由伽雷斯王子准备的潘趣酒的配方：1 瓶香槟，1 瓶勃艮第，

1 瓶朗姆酒，10 个柠檬，2 个橙子，1 斤半糖。

在生命的最后，海顿在维也纳美泉宫附近的古姆本道夫过着安静的生活，但并没有戒酒，他的抄写人约翰 · 埃尔斯勒讲述道：“晚餐有面包和葡萄酒，海顿晚上只吃面包，只喝葡萄酒，这是他的金科玉律，除非受邀参加宴会，否则从不动摇。”

弗朗茨 · 约瑟夫 · 海顿是个理性的人，可是根据莫扎特的父亲莱奥波德本人的证明，他同为音乐家的弟弟米歇尔 · 海顿却不是这样。在他写给儿子莫扎特的信里，尽管他承认这位服务于萨尔斯堡大主教的音乐家的天赋，但他还是不禁嘲笑他对于酒的嗜好。比如在 1777 年 10 月 2 日的信里他写道：……米歇尔 · 海顿的幕间曲特别棒，大主教对他赞誉有加，在席间，说他根本没想到海顿能写出这样高水平的东西，还说他不应该喝啤酒（一般在宫廷里是给仆人和作曲家喝的），而应该喝勃艮第！

莫扎特，内行之人

莫扎特拥有一个经常接触萨尔斯堡葡萄酒和烧酒的童年，还有一个本身就是“热情的酒徒”的父亲，所以他品尝过很多美酒。莫扎特天性快乐，爱热闹，他非常喜欢晚会上匈牙利托卡、摩泽尔河的葡萄酒或是啤酒。

在作曲时，为激发灵感，他要喝很多酒，甚至还有传言说，他边喝潘趣酒，边开始创作《唐 · 乔石尼》这部歌剧，两天后就完成了！不过，他的曲谱字迹清晰明了，让人不禁猜想，他在酩酊大醉时一度中止了写作。

他经常旅行，这使他能够品尝到源自各个不同产区的许多酒

《和他的父亲和妹妹在一起，童年莫扎特在弹钢琴》，路易·卡洛基（1717—1806）绘。

庄的葡萄酒，也许正源于此，他在《唐·乔石尼》中提到了赫赫有名的特朗丹地区的一种葡萄酒“马尔兹米诺”，这应该也是这部歌剧的脚本作家罗兰佐·达·庞泰钟爱的酒。据说庞泰喜欢在午夜时分坐在他的工作桌前，右手边放着一瓶托卡葡萄酒，左手边放着一个装满塞尔维亚烟草的鼻烟盒，还有一个 16 岁的德国少女随叫随到……

莫扎特的书信里密密麻麻地记录了他吃了什么，喝了什么。1770 年，当在意大利旅行时，他想起一次午餐上碰见的一个饭量大得惊人的多明我会修士，这个人本想敬他一大杯西班牙葡萄酒。

1778 年，在他和母亲旅居巴黎期间，他的母亲曾抱怨食物不仅价格贵，质量也不怎么样：“一斤好黄油卖 30 到 40 索尔，一斤鸡蛋 10 索尔，一斤小牛肉 12 到 14 索尔，一只羊羔后腿卖 3 镑，一只小鸡雏也 3 镑，葡萄酒又贵又难喝，都被小客栈老板给兑了水了。这物价简直比我们在英国时还贵（1764 至 1765 年之间）。”1790 年，在去法兰克福的路上，他在信中提到了他曾品尝过的摩泽尔河葡萄酒。他当然也喜爱香槟。1779 年他逗留斯特拉斯堡期间，音乐家们用大量香槟来欢庆节日。但是，他非常惊讶于他的朋友——教堂乐师里赫特——的持久耐力：尽管已 78 岁高龄，但他仍坚持每日喝二十多瓶香槟。“而且，”莫扎特强调说，“他这还是减少了，以前能喝四十多瓶呢！”当 1785 年莱奥波德来维也纳看望儿子莫扎特的时候，莫扎特为他安排了很讲究排场的生活，必备香槟。

对于莫扎特来说，葡萄酒与健康是密切相关的：1791 年，他的妻子康斯坦丝在德国巴登疗养，他建议她喝一点“健康又不太贵的葡萄酒”，因为“水真是太难喝了”！

舒伯特和新葡萄酒

在奥地利首相梅特涅统治下的维也纳，小客栈为受到法国大革命的鼓舞而反抗热情高涨的年轻知识分子提供避难所，但他们仍受到警察的控制，连最基本的自由权利都得不到保证。人们都在力图逃离现实，去梦想一个更好的世界，舒伯特便是其中的一分子。作曲家，生活于社会边缘，为一些或多或少被禁的诗歌谱曲。1825年前后，他和一些音乐家、画家、作家等朋友一起，去了维也纳周围临近葡萄种植区的乡下。吃过了丰盛的有酒招待的午餐，他们在小客栈里唱歌、跳舞。舒伯特生平只举办过唯一的一次面向公众的音乐会，但却举办过非常多名为“舒伯特之友”的私人音乐会，其中很大一部分就是在这些小客栈里举行的。

舒伯特把他仅有的那点钱都花在了大吃大喝上。在画家莫里茨·冯·施温德写给作家弗朗茨·朔贝尔的一封信中，关于他们的朋友舒伯特，他这样写道：“他不想去任何其他家咖啡馆，他总是和塞恩一起去朗卡这一家。上了半瓶托卡酒，可是考虑到危险因素，我们不能再继续喝下去了，于是我们把酒杯里的酒都倒进一个小酒瓶里，带走。但由于我们身边没有任何人能喝光它，于是我们把它拿到欧尼希家，它的出现引来了大声的欢笑，不一会儿就被喝光了。舒伯特高兴极了……”

施温德要去葡萄园为他的油画采风，就带了舒伯特一起去。他们发现了一个名叫格林庆的迷人的小村庄，那里居住着葡萄种植工。大量书信证明，在那里，舒伯特和他的朋友们一起，品尝到了新葡萄酒，并给予了非常高的评价。

还有一些人肯定地说，舒伯特对葡萄酒的喜爱相当过分……然而，要是他在如此短暂的一生当中不对葡萄酒和女人感兴趣，他能写得出这样伟大的作品吗？

爱德瓦·冯·鲍恩费尔德，舒伯特的朋友，是19世纪40年代渴望在维也纳推动资产阶级革命的“年轻的奥地利”团体的发言人之一。关于舒伯特，他写下了这首诗：

他拿起一个大酒杯，
庄严的，肃穆的，
倒酒直至杯沿，
迅速有力地一口干。

《弗兰兹·舒伯特在钢琴前》，朱利尤斯·施密德（1854—1937）绘，1879年。

1822年11月28日，舒伯特在他的专辑里写下马丁·路德的著名语录：谁不爱葡萄酒、不爱女人、不爱唱歌，谁将终生是个傻瓜。

32岁，舒伯特去世，也许是由于劳累过度、营养不良、酒精和烟草中毒而导致身体极度衰弱，最终死于梅毒。今天，他长眠于维也纳中央公墓的一块特别区域里，距离贝多芬的墓不远。在他的坟墓周围，繁茂地生长着树木、灌木丛、鲜花和葡萄树。

贝多芬的沉重遗产

出自波恩宫廷的小教堂乐师世家，路德维希·范·贝多芬从祖母那里继承了对饮料的喜爱。他的祖母名叫玛利亚·约瑟芬·波儿，在一个隐修院里度过了余生。难道是她把病传给了他的儿子约翰，也就是路德维希的父亲？除非是路德维希因家里经营葡萄酒生意而过度滥饮……父亲约翰沉迷于酒精、面临破产风险，母亲早逝，这些都使年幼的音乐奇才遭受了长期的痛苦。

除了借债继续光顾小酒馆，约翰还拿着酒瓶，一边喝酒，一边在街上闲逛，他丧失了一切关乎礼貌的意识，甚至毫不犹豫地去勾引他的学生……

就是在这样的环境下，路德维希逐渐长大，先是由他父亲教育，后来父亲把他的教育托付给一个音乐家朋友，那位朋友同时还是个怪诞的演员和纵酒狂欢聚会的常客。当他们在小酒店一直喝到夜里十一点或零点，回到家中，约翰有时会猛地把他儿子弄醒，要求他练琴一直到清晨。尽管路德维希从未在公开场合批评过他的父亲，但父亲的这种行为方式必然对他性格的塑造产生深刻的影响。

约翰去世的时候，当局不无挖苦地表示“饮料的收入恐怕要遭遇一个低谷了”。

在他的青年时代，贝多芬在维也纳参与了很多维也纳人喜闻乐见的娱乐活动，尤其还光顾了许多遍布四处的小客栈和小酒店。他喝酒很多，传记作家亚利桑德·威洛克·泰耶仔细分析过他们夫妻的每日开销：“他用餐时喝酒很多，这是他的朋友卡尔·霍茨对奥托·乔恩说的。不过他的酒量非常大，喝到尽兴处，也只是略有醉意。”每顿饭他很少喝酒超过1瓶。有一天他和霍茨试图把乔治·斯玛特先生灌倒在地（斯玛特听见他对霍茨说：“让我们看看这个英国人到底多能喝。”)，结果贝多芬却是最不胜酒力的。

在他生命的最后日子里，肝硬化的病症令他非常痛苦。他喝酒喝得更多了，经常腹泻。他的肚子变得越来越大，不得不绑上一条绷带。他抱怨总是口渴，总是没胃口。疼痛侵蚀着他的肝脏和肠道。水肿越来越严重，医院给他做了穿刺术，抽出大量积液。在他去世的前几天，他跟住在美因茨的出版人朔特要莱茵河的葡萄酒，他说这些酒“一定能赐予我力量与活力，还给我健康”。然而，在他 57 岁去世之前的最后时刻，他没能品尝到这些酒，只能默默地注视着那些酒瓶，感叹道:“遗憾啊，遗憾！太晚了！”这是他在陷入昏迷之前说的最后几句话。

葡萄园和葡萄酒颂歌

《欢乐颂》本是弗里德里希 · 冯 · 席勒的一首诗，后经贝多芬缩短和改编，在他的《第九交响曲》第四乐章里由合唱团演唱。人们经常谈到这个最后乐章具有酒神狄俄尼索斯的气息：寻求欢乐，尤其是狄俄尼索斯式的欢乐，用〝原速〞表达激情，以合唱呈现力量，还配有一支真正的铜管乐队。席勒的诗（最初版本始于 1785 年）是贝多芬在 1792 年 22 岁时发现的，他非常迷恋并崇拜莱茵河彼岸的这种革命气息。他在歌里多次提及了葡萄树和〝闪烁〞的葡萄酒，似乎变成了一首优美的饮酒歌！

快乐在酒杯中欢腾，
在葡萄金色的血液里闪耀。
……盛满葡萄酒的高脚杯在你们面前掠过，
气泡迸发直冲向天！
兄弟们，快从你们的座位上一跃而起吧。
愿把这杯酒赐予仁慈的灵魂！

贝多芬只保留了（也许是为了体现语言的集中性）原诗里与陶醉的状态相关的内容，这些陶醉来源于人的善行带来的快乐，亲吻的快乐……还有葡萄树的果实带来的快乐！

在提到贝多芬的音乐时，人们经常使用形容词“酒神狄俄尼索斯激情与灵感的”。他应该能体会到“现代性与狄俄尼索斯之间是有默契的，并非是把这个神当作主题，而是从这个打破所有界限并张开怀抱接受相异性的神的身上获取灵感”。

埃克托·柏辽兹在贝多芬的《第七交响曲》第一乐章里看到了一首农民圆舞曲，但亚历山大·乌里比歇夫却从中感受到一场假面舞会，一场消遣娱乐活动，有一大群人沉醉于喜悦和葡萄酒，保罗·拜柯则用“巴克斯的狂欢”来形容这一乐章，而厄奈斯特·纽曼把它描述为“酒神狄俄尼索斯式强大冲动的涌现，灵魂的神圣陶醉”。

罗西尼，细腻的美食家

卓阿奇诺·罗西尼的名字被用来命名著名的抹鹅肝酱腓力牛排，可能是“金色之家”的厨师长卡西米尔·穆瓦松把这道“另类美食”献与了他。同时他还把罗西尼的名字留给了其他菜品：沸水煮蛋、鸡肉、鳎鱼脊肉、意大利肉馅卷……罗西尼为何享有如此盛誉？毫无疑问，身为佩萨罗一个肉店检查员的儿子，罗西尼是个纯粹的美食家，是个烹饪发烧友。他在博洛尼亚潜心于音乐创作的时候，还不忘享用美食，竟毫不犹豫地用歌剧乐曲跟厨师长安东南·卡莱姆交换意大利面条！

司汤达在《罗西尼的一生》里讲述了一件事：歌剧《坦克莱迪》里享誉欧洲的乐曲《我心悸动》有个绰号——《大米咏叹曲》，因为罗西尼可能是在威尼斯的一家餐厅里等待他的意大利煨饭时把它写出来的！

罗西尼是极其多产的（40 部歌剧），但他在 37 岁时便几乎停止了一切与音乐相关的活动，为的是享受人生的乐趣。这样一个事实也许与他在烹饪方面享有的盛誉不无关系。积累了一定财富以后，他定居在了巴黎，经常去供应意大利干制面条和通心粉的最好的店里闲逛。他在银楼餐厅、博芬格之家餐厅、英国人咖啡馆、卢卡斯和玛格丽特之家餐厅都有自己的专座。作为上流社会的人，他喜欢请客（古斯塔夫·多雷、波尼亚托乌斯基王子、老托马斯……），并用奢华的晚宴款待他们。比如，奥地利大使理查德·冯·梅特涅回想起他参加过的这位音乐家举办的晚宴：“每当想到这些晚宴，我都会激动地颤抖。”然而，有些人并不很喜欢他的厨艺，像音乐家达尼埃尔·奥贝尔曾表示：“罗西尼是个非常伟大的音乐家，能写出美妙的乐曲，但却是个极糟糕的厨子。”

《讽刺漫画式肖像画——做厨师的卓阿奇诺·安东尼奥·罗西尼》，埃蒂耶纳·卡尔扎（1828—1906）绘。

如此的一个美食爱好者怎能对各色葡萄酒无动于衷？据说，当他还是个唱诗班孩子的时候，他就被弥撒葡萄酒的魅力所吸引！他那闻名于世的传奇酒窖藏满了各种珍稀葡萄酒。他会以一种他独有的方式来描绘一场演出的成功，那就是画酒瓶：酒瓶越大，失败越大！比如，1816 年 2 月 20 日，《塞维利亚理发师》的演出以惨败收场，罗西尼给他母亲画了一只巨大的酒瓶，占满了整张纸。

相反，1828 年 8 月 20 日在巴黎皇家音乐学会的剧院里首次上演的《奥利伯爵》赢得了以埃克托·柏辽兹为首的公众的认可。这部歌剧很有法兰西风格，语言轻佻，塑造了一个不知悔改的诱惑者奥利伯爵，他乔装打扮，以便更好地窥探在福尔穆迪埃城堡里避难的英勇的十字军骑士的女人和姐妹们。曾在魏玛排演过这部歌剧的李斯特说，它的旋律好似香槟一样汩汩流淌！和朋友们一起身披斗篷乔装起来，伯爵在酒窖边上迷了路："城堡主有这么多美酒啊！"首演之后，艾斯古蒂埃兄弟的评论很有说服力："啊！《奥利公爵》的首演真是美妙，观众非常激动地表现出他们的热情，就好像葡萄酒蒸发至头部的气体使他们大脑发热。这一全新风格的音乐沸腾着，犹如一杯独特的香槟，涌入赞叹不已的人群的耳朵里，产生了触电般十分强烈的效果……"

《十七世纪一家客栈里的绅士》，阿德里安·费尔迪南·德·布拉克勒（1818—1904）绘。

布里亚－萨瓦兰，味道的赞颂者，杰出的音乐家

昂戴尔姆·布里亚－萨瓦兰是比热地区百利小镇上的法官，属于当地的资产阶级精英人物。身为温和的革命派，他尤其反对法国为建立形状如几何图形般整齐的省份而推行的一项行政重组计划，大恐怖时期，他先逃到瑞士避难，后去了纽约。在纽约，他以演奏为生，因为他是杰出的小提琴手。回国以后，他继续从事法官这一职业，先后归附于波拿巴特和路易十八。

他热爱美食艺术，在1826年他去世前几个月，出版了《味道生理学》，然而却没有署名。他是第一个分析用餐的快乐的人，由此创立了现代美食学。这本书援引了许多轶事、思考和格言警句，他用他的"生理学"解释了许多问题，比如，法国是如何通过美食吸引外国人，最终给付了胜利的人民在拿破仑帝国覆灭后所要求的巨额补偿！

他关于葡萄酒发表的言论相对而言很简练："葡萄酒，最讨人喜爱的饮料，我们将其归功于栽种了葡萄树的诺亚，抑或把它归功于在人类的童年时代榨出了葡萄汁的酒神巴克斯；而啤酒则要归功于冥神奥西利斯，它起源于无比久远的上古时代，在那以前，到处是混沌一片。"

他竭力寻求最为精细的味道：搭配一盘鹌鹑油拌菠菜，最好选用苏雷斯尼的略带酸味的葡萄酒。他很同情那些从未品尝过起泡香槟、马德拉群岛的马尔瓦齐葡萄酒或者甜烧酒的人。他补充说道："每个大酒桶都是储藏了乐观、喜悦和歌曲的容器。"

此外，书中有一首皮埃尔·莫旦的"乐曲"：

> 愿我永远喜爱小酒馆！
> 愿我在那里永享自由！
> ……我们应该跟随酒神巴克斯；
> 他用琼浆玉液使我们沉醉。
> ……当我喝了足足四品脱，
> 我很快乐，耳朵在鸣响。
> 我没有前进，而是往后踉跄了一下……

他的这些关于葡萄酒的言论招来了波德莱尔在《人造天堂》里的一段尖酸刻薄的评论："啊！亲爱的朋友们，不要去读布里亚－萨瓦兰……他的书就像那种没什么滋味的奶油圆面包，只会为那些选取自名著里的一些幼稚可笑、卖弄学问式的格言提供空间。"

埃克托·柏辽兹在罗马无拘无束的生活

在他的《回忆录》里，埃克托·柏辽兹回忆了在罗马大奖赛的初选阶段，候选人喝波尔多葡萄酒和香槟的情况。在赢得大奖、前往位于罗马的法兰西学术院之前，他通过了好几次这种竞赛。在经过一段长久而累人的旅行之后，他终于来到了这座教皇制城市的高岗上："那天，将近上午十点，我们刚刚抵达一小片名为'斯多尔达'的房屋，马车夫突然漫不经心地，一边给自己倒了一杯酒，一边对我说：'这就是罗马了，先生！'"

在学术院，他领取年轻艺术家国家奖学金，过着无拘无束的生活，经常出入格列可咖啡馆，用餐时喝葡萄酒和潘趣酒。同伴们领他去一些小的意大利餐馆："不一会儿，出现了一座冒着热气的通心粉小山丘，他们要我像他们那样把右手伸到里面去，一大罐波西利普葡萄酒被放到餐桌上，我们每人轮流喝酒，然而，我们当中唯一的一个牙齿掉光了的老人家得排在我前面喝酒。此时，对于这些善良的孩子来说，对年龄的尊重甚至已经超越了他们对我这个客人应该表示的礼貌。"

埃克托·柏辽兹（1803—1869），正在创作《特洛伊人》，里奥奈罗·巴莱斯特里利绘。

约翰·施特劳斯父子的传奇故事

19世纪，没有任何一座城市像维也纳这样，整座城都沉浸在音乐之中。在广场上、在小酒馆里，以及掩藏在周围的森林深处的乡村小客栈里，贵族们加入到底层人民之中，随着本地区温柔轻盈的音乐跳起舞来。在绿树荫庇的庭院里，维也纳人一边听着音乐家团体演奏节奏感很强的乡村圆舞曲，一边幸福地品尝着新酒。多瑙河河畔出产的白葡萄酒自然不如莱茵河或者摩泽尔河的葡萄酒优质细腻，但它以其辛辣的清凉滋味受到人们的喜爱。贝多芬、舒伯特、舒曼，他们都很喜欢这些远离尘嚣的放松场所。

圆舞曲之父，约翰·施特劳斯，正是在这样各社会阶层间如此交融的节日般欢乐的气氛中生活的。

约翰成长在一个开小酒馆的家庭里，每天花数小时的时间，一边埋头喝酒、吃火腿肠，一边听云游四方的音乐家弹奏小提琴、大提琴或齐特拉琴。在决心成为音乐家之后，他改良了他的第一把小提琴的音色，方法是往小提琴上倒啤酒！

米歇尔·巴麦尔是有名的酒鬼，但他的音乐令人赞叹，能激发维也纳人跳舞的热情。约翰加入了巴麦尔的管弦乐队，并从多瑙河船上的音乐家在沿岸的小咖啡馆里传播开来的三节拍乡村舞曲中汲取灵感，发明了圆舞曲。

1833年，施特劳斯29岁，他在维也纳最美的“斯柏尔”舞厅举办的音乐会让理查德·瓦格纳赞叹不已：“我永远忘不了那些奇怪的民众对施特劳斯的每一部作品报以的歇斯底里般狂热的欢迎。一段新的圆舞曲一经开始，这些维也纳的下等民众就仿佛被一个新的魔鬼控制了心神。毫无疑问，这些使人们摆动起身体的快乐的内心悸动源自音乐而非葡萄酒。而我，头晕目眩地观看着他们对这位魔

《熟睡着的小乡村小提琴手》，安东尼·奥古斯特·厄奈斯特·希贝尔（Antoine Auguste Ernest Hébert，1817—1908）绘。

法师般的大师的音乐表现出狂热的迷恋。”

这是他辉煌的职业生涯的开端。1937年他来到巴黎，在巴黎，他不得不严格限制他团里的音乐家们的饮食，因为法国波尔多和勃艮第葡萄酒明显地比维也纳的清淡葡萄酒醉人得多！

在苏格兰演出期间，团里所有的音乐家都病倒了。一名当地医生为他们开的药方是，大量波尔多葡萄酒配以肉豆蔻和生姜。施特劳斯自己也差点死了，但最终还是痊愈了。

在家庭方面，约翰太过朝三暮四，最终和妻子分道扬镳。此外，他还坚决反对他的儿子也成为音乐家。在经历了1848年席卷欧洲的那股革命潮流之后，他不再受人追崇，一年后，便在孤独中慢慢地死去了。

他的儿子小约翰·施特劳斯继承了父亲的衣钵，甚至创造了更为辉煌的成就，远超过他父亲的声誉。他的圆舞曲作品有著名的《蓝色多瑙河》《皇帝圆舞曲》《爱情圆舞曲》《畅饮欢唱圆舞曲》等。

一想到坐火车，他就感到惊恐不安，为此他储备了大量香槟，用来克服自己的恐惧症，在他乘火车的行程中，绝大多数时间里他都躺在长椅上面睡大觉！

1860年，他在巴黎遇见了雅克·奥芬巴赫，后者建议他写一些轻歌剧。不过最后，还是他的妻子和一个制片人默契配合，才得以说服他为剧院创作轻歌剧，并由此诞生了《蝙蝠》，这是对维也纳新兴富人阶层不留情面的真实写照，也是一首真正的香槟赞歌。

在为庆祝耶稣升天节而指挥《蝙蝠》演出的几天以后，即1899年6月3日，小约翰·施特劳斯与世长辞。

李斯特，香槟爱好者

李斯特是个极有天赋的匈牙利钢琴家和作曲家，也是一名香槟爱好者。奥诺雷·德·巴尔扎克（他不太喜欢李斯特）在写给他的朋友汉斯卡夫人的一封信中这样写道：“罗斯柴尔德家的晚宴上什么都

《弗朗兹·李斯特在弹钢琴》，约瑟夫·坦豪瑟（1805—1845）绘。

没有发生，因为我们有25个人。可我却在那儿发现了李斯特……他说，我让他想起了某个人。我径直往我家那条林荫大道走，没回答他。”

应该说，李斯特的感情生活相当复杂，甚至可以说丑陋不堪，因为他选择的情人大都是已婚妇女！有些人将他的成就归功于他慷慨无度地赠人以香槟。比如，亨利·海涅在1844年5月8日发表在《大众报纸》上的一篇文章中，怀疑李斯特精心筹划了他在巴黎取得的成功：“香槟闪耀的气泡，由最值得信赖的报纸到处宣扬而得来的慷慨的名声，这两样东西是个诱饵，依靠这一诱饵，便可以在每个城市赢得许多新的支持者。”1845年5月18日，《吟游诗人报》

在其音乐漫谈专栏详述了李斯特在欧洲皇室宫廷间的游历以及他返回马赛后与布瓦瑟洛和贡帕尼手工工场的工人们一起喝酒的情形："弗朗兹·李斯特，节日上的皇帝，他在各餐桌间穿行。坐在彩车里，他像极了酒神巴克斯。他和工人们碰杯狂饮，喋喋不休地对他们说深情的话，无数次紧紧地握住他们的手，然后他冲向钢琴，一副精神失常的表情……"

露易丝·柯莱肖像画，阿尔方斯·莱昂·诺埃尔（1807—1884）绘。

1853年10月，李斯特在巴黎又见到了阿尔弗雷德·缪塞。缪塞写信给一个名叫詹卡·沃尔的同乡，描述他与李斯特见面的情形："……目光黯淡，步伐拖沓，他只用单音节词回答我的话。我带他去我家，一进家门，他就把自己重重地摔进椅子里。'给我点喝的。'他对我说。我给他倒了一杯波尔多。'你还是满足于喝这奶水。'他说。这时，我看到一丝微微的智慧之光开始在他眼睛里闪现。我又给他倒了一杯酒，慢慢地，这高贵而丰富的汁液起了作用，他的身上发生了转变。"

"智慧之光"实际上指的是李斯特滥饮科涅克白兰地，这让他的亲戚们大失所望。露易丝·柯莱是浪漫主义者心中的灵感缪斯女神，也是一些作家的情人，比如居斯塔夫·福楼拜，她本人很讨厌李斯特。在《最后的神甫们》里，她用了整整两章的篇幅来写李斯特："看着他像个美食家似的吃东西，像德国人一样喝光装满玛尔萨拉和塞浦路斯葡萄酒的酒瓶，听着他像个伪专家一样谈论一些被背弃的观点和被摧毁的爱情，说着那些足以震惊和击垮灵魂的神圣的东西，我对自己说，他那些口若悬河的谈话简直幼稚不堪，他还有耽于声色的陋习……只需一件衣衫，他就能变成一个完美的天主教会神甫。"

在他生命的最后，由于对爱情不再抱有希望，尤其是他的孩子相继夭折，让他痛苦不堪，他进修道院做了神甫，聊度余生。1865年6月4日，当他正准备庆祝他第一次主持弥撒时，《吟游诗人报》发表了一篇令他非常不快的文章："当弗朗兹·李斯特进入了罗马的天主教修会，准备担任议事司铎这一职务，掌管圣－皮埃尔教堂的时候，'他永远的对手'西吉斯蒙德·泰尔伯格却在他位于那不勒斯小镇波西利普的葡萄园里做起了一名平凡的葡萄种植工。他在那儿用他朴实无华的双手种植和培育拉布拉什遗留给他的葡萄树。还有必要寻思这两个著名的钢琴家哪一个才是真正的哲学家吗？"

尽管如此，李斯特仍是一个葡萄酒爱好者，1886年3月31日在巴黎的金色里昂餐馆，有人赠予他的晚餐葡萄酒便可证明这一点：长颈大肚玻璃瓶盛的圣－艾斯黛芙葡萄酒、1874年的莱讷—维尼欧酒庄葡萄酒、1877年的蔻黛丝图尔奈葡萄酒、1874年的杜尔佛尔酒庄葡萄酒、冰镇的金色里昂香槟酒，还有温和的托卡酒。

和贝多芬一样，人们赋予李斯特音乐的修饰语也是这个被弗里德里希·尼采珍视的"酒神狄俄尼索斯激情与灵感的"，或许是因为李斯特的音乐为音乐语言的各要素以及约定俗成的音乐形式带来了许多重大的变化，由此人们就对他的音乐产生了这样的印象："受欧洲音乐传统压抑的酒神狄俄尼索斯的本能的力量的表达。"

朱塞佩·威尔第的葡萄园

作为乡村小客栈主的儿子，朱赛佩·威尔第对土地怀有深深的依恋，他曾在意大利波河沿岸的小村庄艾米丽·罗马涅一亩一亩地开辟出一大块农耕地，而这里距离他出生的龙高乐小村庄非常近。

他的祖父于1791年来到龙高乐定居，开了一家小酒馆，名叫“老酒馆”，又开垦了一块18公顷的田地用来出租。威尔第出生的那栋房子是个很结实的古典的小客栈，那时就有了一个葡萄酒酒窖，如今，这里已经成为供人瞻仰的场所。

1848年，威尔第还很不富裕，但他仍负债购得了圣亚加达的地产。这个地区的气候特别湿润而且多雨，这块地当时只是一块准备种葡萄以及发展酿酒业的普通农田。我们可以猜想当时种的葡萄品种是意大利红葡萄，架在很高的葡萄藤上，因为这块地的位置处在现今出产柯利·皮亚桑蒂尼和柯利·迪·帕尔马葡萄酒的地区的北部。威尔第把这块地变成了最重要的农业田产之一，对于一切他都亲自做决定（马厩、食物储藏室、小教堂的布局），让田产管理人的日子很不好过。尽管有大量音乐方面的工作要做，但这位世界级的歌剧大师仍时刻紧密关注着他农场里的活儿。

意大利音乐家。从左到右分别是：文森佐·贝里尼、伽塔诺·多尼泽蒂、朱塞佩·威尔第和卓阿奇诺·罗西尼，绘于19世纪。

自1815年起，威尔第和妻子在圣亚加达定居，过起了安逸的生活。他们建造的房子从外表看上去很有小资的风格，每顿饭都要准备“三个好菜、一盘甜食、饭后点心、够两个主人和三个仆人喝的葡萄酒”。威尔第把他的土地照看得很好，他监管一切，甚至还亲自帮助园丁们修剪、裁剪……他喜欢在田间、树林、葡萄园里漫无目的地闲逛。他的田产上的每棵树都是以他的不同歌剧来命名的。

尽管他有些唯利是图，但他仍毫不犹豫地着手进行其实并没有必要的扩建工程，因为他想要让本地区的工人们都能以他的活计为生。在情势所迫的时候，他甚至还会发放面粉和一些食物。他是维拉诺瓦·苏拉尔达收容所的慷慨捐赠人，他对于寄宿者所遭受的待遇向收容所所长表达抗议："食物根本不够，葡萄酒更少（然而酒窖里的葡萄酒储备是很充足的）……我觉得医院里的设备都很齐全，所以没有必要过多地省钱。"

今天，我们可以参观他在圣亚加达的那栋别墅，酒窖依然还在，还有打开的木制酿酒槽和当时酿酒用的材料。

瓦格纳，享乐之人

理查德·瓦格纳第一次接触葡萄酒要追溯到他的童年：在一部欢迎被俘的萨克斯国王获释归来的名为《易北河边的葡萄园》的戏剧里，他演了一个没有台词的哑角。那是一个天使，他整个人被缝合进一件针织物里，翅膀被绑在后背上，这样的一个形象还必须要设计一个优雅的姿势！

更严肃地来说，我们真正清楚地了解这位伟大的作曲家对于葡萄酒的嗜好，是通过1911年（他死后28年）出版的瓦格纳的回忆录——《我的一生》，这本书是1865—1880年间在他的妻子的帮助下编写而成的。

刚满20岁时，他来到伍兹堡，住在他哥哥家。他的朋友亚历山大·穆勒领着他这个快乐的同伴一起去露天小酒馆品尝弗朗克尼地区的啤酒和葡萄酒。而且正是多亏了这葡萄酒，他才终于克服了他的性格弱点，在女孩儿面前不再羞怯腼腆：“弗朗克尼葡萄酒真是帮了大忙，我终于能和芙莉德里珂大摇大摆地在一起，就好像我们是一对名正言顺的小情侣。”

回到莱比锡，他随即写了一部歌剧，并试图说服一个名叫斯泰格麦耶的管弦乐队指挥演奏它，而且还送了他一瓶葡萄酒！不过他在回忆录里回顾，从他开始弹奏钢琴的那一刻起，结果就变得模糊不清了……1835年在马格德堡，为了庆祝圣－西尔维斯特的迎新年节，他邀请他的乐队去品尝了潘趣酒和牡蛎，后来成了他妻子的米娜·普拉娜也在其中。“香槟无法做到的，潘趣酒最终能够实现，”他这样评论道，又补充说，“我的客人们通常都会遵从的那些不堪一击的行为准则一时间不复存在。”1840年在巴黎，还是庆祝圣－西尔维斯特节的时候，他的朋友们为他准备了一个惊喜：小牛腿、朗姆酒、鹅肉、香槟……瓦格纳表达了他的喜悦之情：“我喝了香槟，又喝了潘趣酒，就开始发表长篇演讲，浓墨重彩，没完没了……最后，我爬到了桌子上，像布道福音一样，宣讲关于藐视世界的最不可思议的理论，庆祝美洲国家的独立自由。”

1844年9月初，他在费舍尔葡萄园中间的一个避暑凉亭里度假，这儿离洛施维茨不远，在著名的芬达尔葡萄园附近。在这个安静的环境里，他写完了《唐豪瑟》的第二幕。

过了一段时间，他前往德累斯顿，跟他的代理人兼出版人在一个咖啡馆里见面。说到复活节集市，对方感到很不安。为了让他放心，瓦格纳点了一瓶最好的上－索甸产区葡萄酒，可最后却证明这酒……太可怕了：“我们喝着酒……突然，我们开始像魔鬼附身一样吼叫，发疯似的往外吐东西，他们搞错了，竟然给我们上的是最酸的龙蒿醋。”

当他看到无政府主义者米歇尔·巴库尼用小酒杯一口一口地吞

理查德·瓦格纳，奥古斯丁·雷诺阿（1841—1919）绘。

酒时，他感到很不舒服：“一般来说，他很讨厌葡萄酒，他更喜欢一满杯烧酒带来的那种冲击。他所厌恶的，是快乐的味道，在他看来，人必须严格地满足其欲望。”

在瑞士苏黎世，他遇见了雅克伯·苏尔泽，一个政治前途远大的年轻人，他自己拥有许多葡萄园。瓦格纳跟朋友们讲述着自己的丰功伟绩，而这时，他们都略有醉意，甚至于苏尔泽家沉重的房门都能被他们从合页上弄下来。苏尔泽就一个人费劲地把门都安回原位，并且关好，因为他可不想让人知道“在深更半夜这样无所顾忌的放荡行为”！

他的回忆录还提到了他在法国的经历，比如有一次，他去蒙莫朗西那边：“我走进一个葡萄酒商人的小花园，这里只有星期日才会聚集大量人群，我在花园里吃了点面包和奶酪，喝了一瓶葡萄酒。”后来他竟然遭到许多母鸡的侵犯，甚至被母鸡夺走了食物，这让他放声大笑。

在苏黎世，他大胆地接受了水疗疗法，这让他的朋友们错愕且沮丧不已，尤其苏尔泽发觉他变得苍白而消瘦：“罗斯关于葡萄酒有毒的理论是站不住脚的，而我依赖的是审美和道德层面的原因，在饮酒当中看到了一种幸福状态的不纯正替代品，而这种幸福的状态是我们只有在爱情中才能够找到的。”

理查德·瓦格纳是一个真正的香槟爱好者，他去阿尔卑斯山远足的时候，毫不犹豫地带上了他最喜爱的酒：“我没忘随身带一小瓶香槟，跟蒲克勒王子攀登斯诺顿山时也一样，但是我却找不到任何一个可以与之互相致意、碰杯畅饮的人。”

在埃佩尔奈，瓦格纳受到学识渊博并且酷爱音乐的保罗·尚东的盛情接待，这给他留下了一段颇为感动的回忆：“我一到，就被领到了保罗·尚东的舒服惬意的大房子里，他非常迷恋我的歌剧……那一次，我还参观了分布在香槟区上千公里腹地上的传说中的酒窖。”

《唐豪瑟》在巴黎首演的时候，保罗·尚东把他酒窖里最好的一箱“熙乐里之花”香槟送给了瓦格纳。尽管这场演出以失败告终，但瓦格纳对保罗·尚东的这份情谊非常感激，他在1861年4月1日的信中如此表达道：

万分亲爱的朋友：

这几个星期以来，要不是我回想起您对我的情谊，我根本无法安慰自己去忘掉忧伤。请相信我，事实证明，您送给我的

那箱华美绝伦的酒是唯一的方法，让我重又燃起了对生命的希望，我不禁夸耀它在我和一些名人身上起到的作用，这些名人围在我身边，而那一刻，我有那么多的事情想要忘记……

悖论之奥芬巴赫

没有任何一位作曲家能像雅克·奥芬巴赫这样，怀揣着如此多的热情、天赋和内心强烈的意愿来歌唱葡萄酒，尤其是香槟。但尽管如此，他本人却几乎不喝酒!

身为一个大家庭里的模范父亲（4个女儿和1个儿子），他慷慨宽厚，又喜异想天开，却无休止地焦虑不安。但这位法兰西式的趣歌剧之王从来也不过分地引人注目。

他通常在餐馆用午餐，午餐的内容一成不变地包括一个煮鸡蛋、一块排骨、一支雪茄，偶尔吃一个水果，喝一杯加奶咖啡，再配一块烤饼。

的确，在19世纪50年代，他组织过许多大型的节庆聚会（有时会威胁到他自己的财政），许多知名人士相互簇拥着嬉笑玩耍、唱歌、品香槟。但他自己却从不滥饮，在他被批准加入法国籍的皇家法令颁布的那一天，也就是1860年1月14日这一天，在他位于拉斐特街的小公寓的每个房间里，香槟在滚滚地流淌，人们在开怀地畅饮。奥芬巴赫从这群人走到那群人，不停地大声叫喊："法兰西，万岁！"

他患有极其严重的痛风，这让他痛不欲生，然而悖论之处在于，通常是暴饮暴食的人才会得这种病，而他却是如此的节制。1865年4月9日，他还对《穿黄衣的小矮子》的一个记者表明："如果一个人像我这么苗条，这么节制饮食，结果他却表露说自己得了一种一般来说只会侵袭这个世界上身材魁梧的人的病，那么人们一定会认为他很矫情。我得了痛风，现在我把它宣布出来，你们可以发表。”

最后，雅克·奥芬巴赫筋疲力尽、病痛缠身、彻底破产，于1880年10月5日与世长辞，而在这之前的10天里，他一点东西都没吃，只是喝了一些掺了烧酒的热格罗姆酒。

约翰内斯·勃拉姆斯，豪饮之人

约翰内斯·勃拉姆斯是个很会享受生活的德国人，他爱喝啤酒、葡萄酒，以及陈年科涅克白兰地。他出身于普通的平民阶层，很年轻的时候便开始在小酒馆和餐厅弹钢琴，为家里增加经济收入。当他1862年第一次去维也纳时，他感到惊叹不已。他很快就结交了许多朋友，比如说钢琴家卡尔·陶西格，他是李斯特和泰尔伯格的得意门生，勃拉姆斯经常去他家喝科涅克白兰地，抽土耳其烟草。

在1862年11月写给朋友朱利尤斯·斯多克豪森的信中，他描述了对维也纳的最初印象，但也流露出思乡之情：“我搬家了，现在就住在离普拉特（多瑙河附近的一个大公园）几步远的地方，我可以在贝多芬曾经喝酒的地方喝酒，这已经让我感到足够开心惬意的了，既然只能这样。”

19世纪70年代中期，当海尔麦斯伯格四重奏团三次将他的作品纳入他们的演出名单时，他的朋友，外科医生戴奥多尔·比尔罗斯在他的首场独奏音乐会的当晚为他准备了一顿丰盛的晚餐，这位朋友在邀请他时说了如下的话：“我要把我的酒窖和厨房里最好的东

西献给你！”

1878年春，他45岁时，和朋友比尔罗斯一起第一次去意大利旅行。威尼斯、佛罗伦萨、罗马、那不勒斯、西西里岛……行程安排得很满。在罗马，他们受到朋友维施曼的款待，维施曼专门嘱咐他家的罗马当地女厨为他们准备意大利式美食：金黄色苹果拌通心粉、炸薯条、烤小羊羔肉、意大利式小丸子……每道菜都配有福拉斯卡蒂和贝莱特里葡萄酒。

比尔罗斯激动万分，一边挥舞着酒杯，一边喊道：“这可是贺拉斯曾喝过的酒啊！”而勃拉姆斯则已经开始在心里盘算着，要把这样一个能精心制作出如此美食，还能配上如此美酒的女厨带回家。他挥动着一杯西西里岛葡萄酒，不禁欢呼“应该娶了她”。但这位美丽的罗马姑娘拒绝跟一个野蛮的家伙离开家乡！

约翰内斯·勃拉姆斯肖像画，让·约瑟夫·波拿温杜尔·劳伦斯（1801—1890）绘。

勃拉姆斯也喜欢香槟。他的朋友克拉拉·舒曼在日记里这样记录了1882年的圣诞晚餐：“迷人的节日，因勃拉姆斯的善良殷勤，而变得更加美丽……我们以香槟结束了这美妙的一夜。”

在维也纳，1886—1890年间，勃拉姆斯正处于其事业与荣耀的顶峰，他习惯去一家名为“红色刺猬”的餐馆，而这家餐馆也由于他的光顾成为首都音乐圈子的人聚会的场所。他避开饭厅，更喜欢在客厅用餐，选择的是最简单的菜肴。餐馆女主人为他准备他最喜欢的菜，在酒窖里专门为他储存了一小桶匈牙

《路易·弗朗索瓦·德·贡第王子在圣殿宫殿里的晚餐》，米歇尔·巴特雷米·奥利维尔（1712—1784）绘。

利托卡葡萄酒。

1887年，德彪西（此时他25岁，确切地说是瓦格纳的支持者）来维也纳拜访勃拉姆斯。费尽千辛万苦，他终于在一个晚宴上见到了这位大师，然而勃拉姆斯却从头至尾保持沉默。等到有人拿来一瓶香槟，他才终于开口，拿歌德举例，称赞起香槟："一个纯正的德国人是不大喜欢法国人的，但他却心甘情愿地喝他们的葡萄酒。"勃拉姆斯慷慨宽厚，帮助过很多艺术家，但他终身未娶。一直到他生命的最后几年，他都还在不停地参加大量的宴会，尤其他有个同伴，画家阿道尔夫·冯·曼泽尔，他俩一起参加宴会，一起吃喝，一起不知疲倦地探讨问题。

比如，我们可以列举1896年1月勃拉姆斯和曼泽尔在柏林共同举办的一场盛宴：上午十点，他们开始边喝莱茵河葡萄酒和香槟，边品牡蛎。这顿大餐一直持续到下午。但这并没有妨碍他下午五点赶去柏林一家豪华餐馆继续参加一场为向他表示敬意而举办的宴会。接着，晚上九点他又去他的宾客家里重新吃了顿晚餐，第二天早上又像平时一样，按时起床，安静地吃早点。他的宾客们无不感到吃惊："您不仅仅是一位被神灵赐福的艺术家，您还是一个健康的魔鬼！"勃拉姆斯回应说："你们想怎样？我从来没落过我生命里的任何一顿饭，我也从没吞过任何一个药片！"

尽管疾病让他的身体变得虚弱，但他从来都不肯戒酒，也不戒烟，甚至还能收到他的许多崇拜者送来的莱茵河葡萄酒、香槟和科涅克白兰地。

多亏了照料他的年轻医生的记录，勃拉姆斯生命最后时刻的情景才得以被世人所知："清晨大约四点，他又开始烦躁不安。他口渴，我给他倒了一杯莱茵河畔的葡萄酒。这时他几乎完全坐起身来，两只手拿着杯子，不紧不慢地喝光了酒。'啊！太好喝了！'他深深地喘气，心满意足地说。这是我听他说的最后几句话。"由于肝癌后遗症发作，他于1897年4月3日去世。

普契尼的大胃口

贾柯摩·普契尼出生在托斯卡纳地区的卢卡省，从小热爱美食。19世纪80年代末在米兰时，他写信给他的母亲描述他的晚上是怎样度过的："差不多下午五点钟我去吃晚饭（晚饭非常简单：蔬菜浓汤，外加一些小零食，还有高贡佐拉牛乳干酪和半升葡萄酒），抽一支雪茄，然后去艺廊逛一小圈。”

从19世纪90年代起，他开始欣赏他家乡托斯卡纳的那种平静安宁的生活方式，这样的环境保证让你“在喝了一杯极差的切昂蒂酒之后能写作一首进行曲，但是若要写爱情二重奏，则必须要有冷静的头脑和火热的心……”对于普契尼来说，葡萄酒和精致佳肴是两样非常严肃的东西，即使当他的声望达到顶点时，他依然保持着源自少年时代的大胃口和相同的饮食口味：米兰风味的蔬菜浓汤、高贡佐拉牛乳干酪、半升葡萄酒，还有一支雪茄。要知道，他的体重高达220斤。

他在公众面前矜持稳重，但和朋友在一起时异常欢快，他创立了一个“波西米亚”俱乐部，俱乐部章程指出，必须要“身体好，吃得更要越来越好；封斋期前三天，蠢笨的家伙和道学先生都将被立刻清走……”

1924年，普契尼眼睁睁地看着意大利陷入一片混乱，在痛苦和悲伤中离开了人世。

霍夫曼的葡萄酒与音乐

厄奈斯特·戴奥多尔·阿玛代斯·霍夫曼不仅是幻想怪异题材的德国作家，也是音乐家和作曲家。他为许多艺术家提供了灵感：雅克·奥芬巴赫（《霍夫曼的故事》）、柴可夫斯基（《胡桃夹子》）和罗伯特·舒曼。

19世纪20年代，霍夫曼使我们称之为荒诞派的幻想文学获得了新生。热拉尔·德·奈瓦尔发现他身上具有“亲如手足的天资”，曾把他的几篇文章译成了法文。在1830年12月2日这一期《美食家》

葡萄酒，巴黎，浪漫派艺术家

葡萄酒带来的酒醉迷离的状态，对于浪漫主义诗人来说，是一种认知途径。获得灵感的人在高脚酒杯中找寻一种有魔力的能带来神灵感应的源泉。而通过让不同年代的人相互沟通，葡萄酒也象征了时间。

比如，在新浪漫主义诗人威廉姆·豪夫的《布莱姆市政厅酒窖里的幻想》中，当主人公面对那些年代久远的酒瓶，想到制作这些酒瓶的工匠在城市公墓的石板下面已沉睡了二百多年，他顿时浑身颤抖。

葡萄酒还象征在时间上永存的东西。通过人与自然、人与神灵、人与自己之间感情上的相通相融，葡萄酒调和着白天和黑夜、生命和死亡、基督教世界和古代世纪、酒神和基督之间的关系。

在这样的前提下，19 世纪 20 至 30 年代浪漫派音乐家如此地喜爱葡萄酒就不足为奇了，而且所有人都去了巴黎——李斯特眼中的"世界的人文中心"。瓦格纳宣称："其他城市只不过是发展过程中的各阶段，巴黎是现代文明的中心。"

李斯特、罗西尼、门德尔松、帕加尼尼、肖邦、贝里尼、奥芬巴赫、多尼采蒂、约翰·施特劳斯、瓦格纳，他们所有人都曾在巴黎旅居过，时间从几个月至几年不等。必须要说的是，这座"钢琴之都"里为数众多的戏剧和乐队厅为这些来自各个国家的艺术家提供了非常多的获得收入的机会。

报纸上，奈瓦尔刊登了一个版面的文章，标题为“霍夫曼最爱的利口酒”，论及了潘趣酒的功效，这是“一种神奇的溶液，地精和水兽（即土地和水的守护神）在其中相互打斗”。

霍夫曼很信服葡萄酒的治疗功效，用科涅克白兰地、朗姆酒或棕榈酒来治疗他的胃病。在《荒废的房子》里，医生建议日渐衰弱的主人公说：“吃一些有营养的菜、喝一点上乘的纯葡萄酒。”在《奥秘》里，一个医生要求病人喝“一种密封在瓶子里的冒着气泡的饮料”！

此外，霍夫曼还建立了音乐与葡萄酒之间的相似联系：勃艮第酒（他最喜爱的葡萄酒）浓稠而华丽，富有诗意和音乐性。“香贝丹是真正的充满诗情画意的葡萄酒，经常蒸发成我的交响曲和咏叹调。”比如，他作品里的一个主人公，教堂乐师约翰内斯·克莱斯勒，把勃艮第葡萄酒和音乐创作混合在一起，他慢慢地喝光放在钢琴上的那瓶勃艮第葡萄酒，与此同时，他的房间里不断充满着音乐，记谱的纸变得越来越黑，就好像通过一系列神秘莫测的变化，一滴滴美酒变成了一串串音符。

香槟对于霍夫曼来说是梦想的万能灵药，是生命里翻腾的浪花。它激发出他的想象力，它给人的是与沉重对立的喷涌而出、腾飞翱翔的形象，它能将人类从尘世的羁绊中解脱出来，让他重新找回他最珍贵、最崇高的梦想！

只有意大利的葡萄酒无法博得他的好感：魔鬼的葡萄酒，将酗酒者拽入悲剧性的欲念与诱惑之中。

在《克莱斯勒偶记》里，霍夫曼解释了葡萄酒如何让一部作品变得五彩斑斓，为什么他有可能为这样一种类型的音乐推荐这样一个特定产区的葡萄酒：写宗教音乐时配以莱茵河或朱朗松的陈年葡萄酒、写歌剧要非常纯粹细腻的勃艮第葡萄酒，而写喜歌剧时要配香槟，因为他能从中找到这一音乐类型所需要的那种泡沫欢腾的轻

E.T.A. 霍夫曼和路德维克·德沃里安在位于柏林的路德和魏格纳的酒窖里，卡尔·泰曼绘于19世纪。

盈快乐之感……

有些人到处传播一个酗酒成瘾的霍夫曼的形象，尤其是参考了奥芬巴赫的《霍夫曼的故事》后。波德莱尔本人竟也相信一件虚构的荒唐事，说的是在霍夫曼刚开始出名的时候，他曾接受那些争抢他的短篇小说的出版商送给他的钱和成箱的法国葡萄酒。

或许他是一个非常名副其实的葡萄酒爱好者，对此，他订购的勃艮第“夜坡葡萄酒”便可证明。

布朗克，乡下的城里人

为了写作《快活歌》——从中我们找到了一首《饮酒歌》和一

些《颂酒歌》，弗朗西斯·布朗克从17世纪的一些歌颂葡萄酒、精致佳肴和爱情的无名文本中汲取了灵感。

1926年5月2日在巴黎，这些歌曲进行了首演，大获成功——由于没有座位，将近两百名听众一直站在音乐厅门口……这些歌曲也推动了另一个人的职业生涯的发展，他即将成为布朗克所有乐曲的无与伦比的演绎者，他就是皮埃尔·贝尔纳克。

葡萄酒之门

1909年圣诞节之际，马努埃尔·德·法拉给他的朋友克洛德·德彪西寄了许多印有西班牙风光的明信片。其中的一张呈现了格拉纳达阿尔罕布拉宫的“葡萄酒之门”。这张明信片激发了克洛德·德彪西的想象，他借用了《阿巴涅拉舞曲》既慵懒又急促的节奏，做了一首钢琴前奏曲，终于完成了始于1901年西班牙系列作品的创作。

葡萄酒之门是阿尔罕布拉宫里最古老的建筑之一。如今，它形单影只地矗立在蓄水池广场上，尽管它可能属于广场外围的整体建筑群的一部分。公元16世纪，人们都把葡萄酒储藏在这里，这样他们就无需跨过这道门，也不用交税了。葡萄酒之门的名字由此得来。

葡萄酒之门（阿尔罕布拉宫），胡安·劳伦（1816—1892）摄。

弗朗西斯·布朗克（1899—1963）。

喝酒歌

……我们要以我们的渴望喝酒，
我们要喝酒，一直喝。
我们终生都要喝酒，
我们死前要涂抹香料。
为我们涂抹香料；
这香料的味道真好闻。

颂酒歌

狄奥根尼，穿着你的大衣，
我自由而满足，无拘无束地嬉笑，喝酒，
狄奥根尼，穿着你的大衣，
我自由而满足，
滚动着我的酒桶。

这样，他就能像音乐家一样，运用葡萄酒来拉紧这一位客人的弦，而放松那一位客人的弦，降低其活跃程度，从而将这些彼此不和谐的性情引向统一与和谐。宴会按照一整套严格精准的仪式来进行。酒足饭饱之后，与会者开始为狄俄尼索斯奠酒。他们小口小口地喝纯葡萄酒，再喷洒出几滴，仿佛是上帝精液的象征。葡萄酒被认为能够释放年长者心中那沉睡不醒、但一直存在着的青春。随后，宴会上的人唱起欢快的赞美歌，年长者底气不足，声音显单薄，幸而有年轻人的合唱（一直都是齐声高唱）做后盾。开场仪式结束，人们开始自由地交谈，慢慢地，谈话可能就演变成了唱歌。

这时，宾客间相互传递一枝香桃木来决定唱歌的顺序。期间，穿插有乐器（里拉琴或阿夫洛斯管）演奏，标志了这场仪式的不同阶段。参加一场会饮是听专业歌手演唱的良机，有时歌手的水平非常高，比如有全国和地方性大型节庆中举办的音乐竞赛的获奖者。有时，宴会最终会演变为一场学者的聚会，诗歌与吟唱被通通取消。于是，在对话录《普罗泰戈拉篇》中，当宴会主人埃里克西马克撵走了一位吹笛子的女孩，柏拉图便遣人对苏格拉底说："倘若饮酒者的聚会上来的都是高贵、文雅、有教养的男士，那么，我们就不会看到吹笛子的女孩、跳舞的女孩，或是弹里拉琴的女孩，我们只会看到这些男人，他们不需要通过音乐舞蹈这些无聊幼稚的方式进行娱乐，他们侃侃而谈，可以自得其乐。遵循严格的顺序，每个人轮流听、轮流说，说话声在他们之间来回传播，没有停歇，即使是在他们喝了大量葡萄酒的时候。"

一个美国人在巴黎

一直奉行营养饮食的美国人乔治·格什温，在1928年来到巴黎以后，多少有点打乱了他的饮食习惯。他开始对法国美食产生极大的热情，他想要尝遍所有食物，他觉得一切都是美味。小酒馆里的管弦乐队演奏《蓝调狂想曲》向他表示欢迎，一位糕点师精心制作了一个淡蓝色的巨型蛋糕，向他的杰出作品表达敬意。他经常出入"马克西姆之家"、"122"等小酒馆，据说他尤其爱喝香槟。

乔治·格什温（1898—1937）。

格什温不论走到哪里都受到人们的欢迎和尊敬……一战结束后的10年，法国繁荣至极，整个国家沉浸于欢欣若狂的状态。他在巴黎的生活也近乎疯狂：他遇见了莫里斯·拉威尔、弗朗西斯·布朗克……在旅居巴黎期间，他创作了《一个美国人在巴黎》，返回纽约时，曲谱将近完成。他为舞美师提供了相当清晰的舞台指示：一个美国人在五六月份的时候参观巴黎，沿着香榭丽舍大街悠闲地散步。他觉得出租车很有趣（4个喇叭一齐发出响亮的信号），他走进一家咖啡馆……然后他来到塞纳河左岸的拉丁区，坐在草坪上，享受着苦艾酒带来的快乐……最后，为解思乡之苦，他恋上了蓝调音乐。管弦乐队奏乐响起，他遇到一个同乡，二人一起继续散步。

《一个美国人在巴黎》的首场于1928年12月13日在纽约卡内基音乐大厅上演。

其他若干音乐家的集锦

阿尔图罗·托斯卡尼尼具有超凡的记忆力，尤其让所有人大为赞叹、惊讶不已的是，他能记住成百上千首曲谱，即使是最难的。然而，1954年4月4日在卡内基音乐厅上演的《唐豪瑟》酒神节式的狂欢曲却击败了这位87岁的老人——在最高潮部分，他的记忆第一次出现空白，这也使他终止了他的指挥生涯。

反传统的埃里克·萨蒂这样描述他每日的时间安排：7点钟起床，12点11分吃午饭，19点16分吃晚饭，22点37分上床睡觉；他的饮食：他只吃白色的食物（鸡蛋、糖、小牛肉、椰子、白奶酪、面条……），他还补充道："我先把葡萄酒煮沸，等它凉下来，我再加入梅红色的果汁一起喝。我胃口很好，但我吃饭时绝不讲话，担心噎着。”德彪西很乐意请这位创作了《吉诺佩蒂》的“永远的波西米亚人”来家里做客，拿一些不太好的葡萄酒招待他，而他却丝毫不避讳地自顾自地品着上等好酒！

埃里克·萨蒂（1866—1925），黑猫出版社石版画印品，19 世纪 80 年代。

享誉世界的俄国钢琴家斯维亚托斯拉夫·里赫特表示对酒瓶的细颈相当喜爱：“我总是经受不住这一令人讨厌的缺陷的诱惑。”1944 至 1945 年期间，一天晚上，一众音乐家聚在迪米特里·肖斯塔科维奇的寓所，在即刻演奏了肖斯塔科维奇的《第九交响曲》之后，大家开始喝酒。可是当女主人妮娜·瓦西列夫娜回家后，所有客人都被请出了门外。随后，里赫特又去了钢琴家海因里希·涅高兹家里，分享了一瓶葡萄酒！

迪米特里·肖斯塔科维奇也是个十足的酒鬼，就像我们眼中的任何一个俄国人！他必须不断努力来克服羞怯感，而此时，酒精便是一个可靠的辅助剂。他经常说，嗜酒是许多艺术家的一个共同特征，总的来说，他们都会将羽毛笔浸入伏特加酒。不过他也喝科涅克白兰地，而且在谈话过程中，就好像突然被苍蝇叮了一下，他会离开房间片刻，从口袋里掏出一个扁平小酒壶，喝上一口科涅克白兰地，然后回屋来，若无其事地继续刚才的谈话。即使病了，他也不放弃喝科涅克白兰地，甚至还得到了医生的同意……

勒内·柯尔翎是作曲家兼管弦乐队指挥布鲁诺·马德尔纳的学生，他说他的老师在醉酒的状态下还能指挥乐队演奏，尤其列举了

贝拉·巴托克和伊薇里·吉特里斯的传奇小提琴第二协奏曲。

据他所知，唯有另一个指挥家具有同等能力——约翰·巴比罗利先生，他所完成的马勒作品的录音堪称惊艳。

最后，怎能不提到集记者、乐队指挥、著名的大提琴手、评选异常严苛的罗斯特洛波维奇竞赛获胜者于一身的弗雷德里克·罗德隆？当他站在获胜的领奖台上，一个勃艮第酿酒团体把品酒用的小银杯颁给了他。在随后的采访过程中，身为伟大的狂热的葡萄酒爱好者的他，骄傲地挥动着这只小银酒杯。这次采访于 2006 年 9 月刊登在《法国葡萄酒与烹饪》上。其中他还回顾了他和罗斯特洛波维奇一同品酒的难以置信的传奇经历，并宣称："没有酒的生活是散文，有酒的生活变为诗歌。当我们喝美酒时，我们也能演奏得很好。"

弗雷德里克·罗德隆说他更喜欢葡萄酒产区的文化，勃拉姆斯提到了玻玛葡萄酒的力量，莫扎特着迷于香槟气泡奏响的狂暴的快板，罗西尼钟爱夏布利葡萄酒发出的尖锐音调，德彪西最爱摩尔索葡萄酒的细腻。弗雷德里克·罗德隆认为，葡萄酒与音乐能够让人放声歌唱，为人确定生活的基调，他拒绝在二者之中做抉择："这就像是在父母之间做选择。当我喝酒时，葡萄酒之乐对我来说就足够了。"

与香槟有关的音乐活动

任何时候，大型香槟酒商行都会支持举办一些与音乐有关的活动和事件。比如 1997 年，唐·佩里尼翁商行对巴黎歌剧院提供了资助，而且商行的酒窖主管，理查德·若夫瓦还建立了艺术家和一个葡萄园全年出产的葡萄酒之间的相关性。卡萨诺维商行拿出一个葡萄园全年出产的名为斯特拉蒂瓦留斯的葡萄酒，以此向弦乐器制造大师斯特拉迪瓦里表达敬意，也证明了葡萄酒工艺和木制品工艺一样，只有借助能工巧匠的天赋才能达到最令人难以置信的表现力。

不过，最令人惊讶的也许要数 1989 年创立的三人组的故事。这个乐队由伦敦交响乐团的三位音乐家组成，出于对杜兹香槟的喜爱，乐队取名为“杜兹三人组”。保罗·埃德蒙·达维斯吹长笛，罗伊·卡特吹双簧管，乔恩·阿雷弹钢琴，他们三人最初的设想就是在音乐会上演奏那些描写名香槟的音乐作品。

随后，他们与杜兹香槟商行建立了合作关系。钢琴家阿雷认为，“酿造香槟的三大葡萄品种可以比作杜兹三人组的三种乐器。黑品诺给香槟带来的是躯体与结构，钢琴由于它的重量和力量，架构起了三人组的音乐主干；霞多丽赋予葡萄酒以优雅与细腻，就像长笛，让耳朵欣然陶醉，笛声的旋律让人不禁浮想联翩，仿佛看得见以百分百霞多丽酿造而成的‘白中白’香槟的味道和芳香在翩翩起舞；莫尼耶品诺复杂、饱满、柔软，表达了一种深沉，带有双簧管的抒情味道。”三人组的保留曲目都是 19 世纪的作曲家的作品。

其实在香槟地区，一直都有许多管乐队，比如“箍桶匠行会管乐队”，这个管乐队实际上是以前的箍桶匠铜管乐队。箍桶匠铜管乐队在 1909 年接替了“酩悦酒庄工程抢险兵管乐队”，后者成立于 19 世纪 80 年代初，主要由长久以来依附于商会的工人们组成。“箍桶匠行会管乐队”的乐器演奏家们身穿酒窖管理员的服装。他们大多都从属于香槟省爱乐协会，这个协会 1922 年成立于埃佩尔奈，但协会里自愿演奏的音乐家却来自四十多个城镇，而且并非所有人都是种葡萄和酿葡萄的专业人士。

还有一些合唱团，以及一个名为“音乐之友”的协会。这个协会的特色是，在香槟批发商米歇尔·高拉尔的音乐指导下，汇集了埃佩尔奈、莎东－上－玛恩、缇埃尔酒庄和兰姆的合唱团。

最后，一些钢琴演奏高手，像埃里克·哈雪和米歇尔·高拉尔的儿子让·菲利普·高拉尔，他们都来自葡萄种植者和葡萄酒批发商的家庭。

他们名叫夏尔·阿兹纳夫、皮埃尔·佩雷、弗朗西·加布雷尔、卡特琳娜·拉若阿。这些法国香颂歌手热爱生活，热爱生活中的欢乐，他们表现出对美酒的喜爱，对好朋友心怀敬意，有分寸地品味着琼浆玉液。

在普罗旺斯的小城牧甘旁边，夏尔·阿兹纳夫的父亲有几亩葡萄园，自己酿葡萄酒喝。阿兹纳夫一开始喜欢勃艮第酒，后来爱上了波尔多酒。“从我的嘴唇沾上梅多克葡萄酒的那天起，我就彻底放弃了任何其他酒，而只喝波尔多葡萄园里的果实酿出的汁液。”这是让－皮埃尔·阿罗克斯的书《喝着酒聊着天——他们的品酒回忆录》里记录的阿兹纳夫对他说的话。

夏尔·阿兹纳夫对葡萄酒的酷爱始于20世纪80年代他在美国生活的时期。在美国，他为自己建造了一个酒窖，贮藏的主要是勃艮第葡萄酒。回到法国，他重新做了个酒窖，这次储藏的是波尔多葡萄酒。他特别喜欢在登台演唱之前喝几口葡萄酒。不过随着年龄的增长，夏尔·阿兹纳夫减少了他的饮酒量，因为喝了酒，他很容易“有点腿软，当他要一个人演唱全场时，发生这种情况就不太好了”。

1943年，他刚开始他的职业生涯，他和皮埃尔·罗施一起写了一首歌，凭借这首歌，乔治·于尔麦获得了当年的唱片演绎大奖，这首歌就是《我喝酒了》：

我喝酒了
我赌了，我把所有东西
都放在了地毯上。
你赢了全部，而我却输了。
刚才我喝酒了。

《特鲁斯－舍密斯》这首歌里唱的是慕斯卡黛：

……我们出发去特鲁斯－舍密斯，
老婆婆们躲在百叶窗后偷偷看我们。
我们出发了，耳朵上别着花，
手里拿着两瓶真正的慕斯卡黛。

最后，《妈妈》里展现了意大利完美的阳光：

……妈妈她要死了，
但愿他们能趁新鲜喝到新葡萄酒，
优质葡萄藤蔓下的美酒。

夏尔·阿兹纳夫在奥林匹亚，1963年1月。

塞尔热·莱吉亚尼并不像阿兹纳夫一样是个普通的葡萄酒爱好者，他是个十足的酒鬼。在1991年3月28日刊登在《解放报》上的采访中，他回顾了他在很长一段时间里坠入地狱一般的生活："最开始，我跟我非常喜欢的一个哥们儿一起喝酒，他叫罗热·毕格，他刚刚去世了。那天，我和他一起去马雷泽尔伯大街，我俩跟平常一样边溜达边聊天，在一家餐馆前我俩停下来，进去吃牡蛎。吃牡蛎的时候，要搭配白葡萄酒。平生第一次，我喝了白葡萄酒。一开始喝半瓶，一会儿一瓶，很快两瓶……然后再喝玫瑰红葡萄酒。我不喝博若莱，太淡了……我不喜欢波尔多。那个时候，没人敢跟我说：别喝了。没有人，他们都不敢。”

没有酒，将是苦涩的黑暗……

皮埃尔·佩雷的情况明显好了许多。1934 年他出生于卡斯特尔萨拉森，在家人开的“桥”咖啡馆里长大，他一直身处在工人们坦率真诚、直截了当的语言中，词汇不断得到丰富。

他的父亲是咖啡馆老板，也是葡萄酒商人。10 岁那年，佩雷跟随父亲一起去葡萄种植者那里兜了一圈，喝到了尚未从发酵槽里放出来的新酿白葡萄酒，品尝了酒桶的“屁股”。他记得他当时模仿父亲，嘴里咀嚼一会儿，喝一口酒，再吐出来……

“这酒真酸……”

“这酒可不酸，很带劲儿。”他父亲说。

20 岁时，佩雷来到巴黎碰碰运气，但并没有获得很大成功。他回忆说，那段日子过得很苦，他“经常饿肚子，没什么吃的东西往嘴里放”！小餐馆“抽烟的狗之家”启发他写了这首歌《王子来了》：

……当我们有水喝的时候，

我们想要葡萄酒。

没有酒，将是苦涩的黑暗……

我们无法前进很远……

王子来了，

我善良的天主，给点酒，

王子来了，

快去别处上吊吧。

皮埃尔·佩雷，1983年摄。

20世纪50年代末，他在拉哥伦伯夜总会的演出开启了他的成功之路。他对葡萄酒的酷爱始于1957年和艾迪·巴尔克莱一起去波尔多的一次巡回演出。他的经纪人给他品尝了大歌缤德斯巴涅酒庄1947年的葡萄酒，对此，他一直保有一份激动的回忆。

他在回忆录里讲述，1958年他与“留声机唱片”乐队一道巡演期间，他和罗比两人外出，去了一家米其林二星饭店。巨大的盘子盛满了牡蛎、龙虾、贝隆牡蛎……两人点了一瓶1947年的蒙哈谢，堪称“世界上最好的白葡萄酒”（他朋友买的单）：“杂烩鱼汤不太贵，饭店主管小心翼翼地从装有冰块的桶里取出那瓶酒，每次给我们每人倒三指的量，一直到我们把那个小酒瓶喝得干干净净。罗比热爱法国，热爱蒙哈谢葡萄酒，管我叫‘我的朋友’。接下来我们点了（都是由我来决定吃什么菜喝什么酒）一份鲜美绝妙的波雅克小羊肉，配上毫不逊色的1945年的玛歌酒庄葡萄酒。最精彩的一刻到来了！饭店主管摆弄着那瓶酒，准备了一个长颈大肚瓶，细致地把葡萄酒滗析出来，往我的酒杯里倒了一指的量，焦急不安地，等待我对这瓶极其稀罕名贵的琼浆玉液作出评价：‘完美。’”

饭店主管的脸上浮现出满意的微笑和骄傲的神情，他往我们的郁金香形状的大酒杯里倒了足有酒杯三分之一容量的酒。我和罗比碰杯，先是闻了好长时间，然后各自喝了一口。罗比心满意足地轻轻咂巴了一下舌头，然后，在还没等我们觉察出来接下来会发生什么的时候，他漫不经心地从蒙哈谢的那个桶里拿出两个冰块，特别骄傲地把它们吧嗒一下丢进他的酒杯里！

如果说饭店主管没有迷迷糊糊地离开，那一定是因为他的自尊受到了强烈的刺激。他那个样子啊，我真没法儿跟你们说！我的哥们儿罗比，的确对这方面知识了解不多，但他也不傻。看到可怜的饭店主管脸色苍白无血色，他赶忙惊慌失措地说："哦，对不起……"，又把手放在胸前，摆出忏悔的姿态，反复地解释说："对不起，我是美国人。""留声机唱片"乐队闹出的这种让人忍不住发笑的蠢事并不在少数，尤其是在餐馆里。

1975年，在《小鸡鸡》获得空前成功以后，佩雷租了一条大船，和妻子孩子还有朋友们一起前往安的列斯群岛。葡萄酒是旅途中不可或缺的一部分："就像我出行时从来都不忘带饼干，我们在船上储备了丰盛的葡萄酒，有香槟、波尔多、大蒙哈谢（勃艮第白葡萄酒中最珍贵的精品）。三大瓶大蒙哈谢葡萄酒根本就不够我们喝的。"

如今，皮埃尔·佩雷在他位于塞纳马恩省的家里拥有一个大型酒窖，他不断地为酒窖增添新的葡萄酒成员：普利尼蒙哈谢、玻玛、圣艾米莉翁、索甸、教皇新堡、茹拉地区的黄葡萄酒……这让他的朋友们特别高兴。

皮埃尔·佩雷的歌曲自然而然地会提及葡萄酒，有时会以他童年的回忆为背景，比如在《可爱的夏令营》这首歌里，由于整个夏天都忙于工作，他的父母就把他送去了蒙日瓦的夏令营，由本堂神甫和修道院院长负责看管："我们用虹吸管吸神甫们的劣质葡萄酒。一天下午，天气热得让人窒息，他们发现我们四五个人浑身一点劲儿都没有，醉得就像愚蠢的母驴。他们从来没敢跟我们的长辈说过这件事，对他们来说这样做还是比较好的。”

在《羊肠小道咖啡馆》里，他回顾了热纳维耶的低级咖啡馆。那是 1962 年的一天，他和一位摄影师一起吃午饭：用长颈大肚瓶呈上来的“赫鲁晓夫之家”葡萄酒竟带有墨鱼汁的浓稠和颜色！正是在这首歌里开始出现了皮埃尔·佩雷的那种粗野、放肆、反抗的风格：

喧闹的狄俄尼索斯

马提亚斯·马尔泽约是“狄俄尼索斯乐队”不安分的作词者、作曲者、演唱者，他与酒神的狂热的性格重新建立起了联系。他用他的身体与公众取得感情上的相通，他登上了成堆成堆的扬声器，他一头扑向人群……这样说来，这个 20 世纪 90 年代中期在瓦朗斯地区成立的乐队取名为“狄俄尼索斯”就不令人感到惊讶了。极具感染力的《献给一个绝地骑士的歌》大获成功。如今，狄俄尼索斯乐队仍在继续他们的巡回演出，自始至终“倾情投入”。马提亚斯·马尔泽约解释说：“这个乐队本身就是一种，请不要骂我，继续惹是生非的方式——无论是开音乐会、半夜爬起重机，或是玩跳皮筋。而今，对于一切，我依然全情投入，我在舞台上什么样，我平时私下里就什么样。”

这是一间脏兮兮的低级咖啡馆，
男人们趴在卡芒贝尔奶酪上
用赫鲁晓夫之家葡萄酒漱口；
那是一种没被金龟子叮的波尔多酒。

和他的朋友乔治·布拉森一样，皮埃尔·佩雷也向葡萄酒表达了一种美好的敬意：

如果说善良的上帝慷慨地
在我们的鼻子下方恩赐了一个窟窿，
让我们亲吻情人，
让我们补全他神圣的心愿，
他还希望我们时不时地
往里面倒入一杯葡萄酒。
我徒劳去寻找一个
如我爱葡萄酒一样爱我的姑娘，
爱喝我的勃艮第、
我的波尔多圣朱利安酒的姑娘。
它们强烈的汁液，
让我们欲火中烧。

咂巴你的舌头，
酒神巴克斯的姑娘。
碰上我的舌头，
为了维纳斯的荣光。

什么都尝，只爱一点

在战后的歌手一代中，我们发现了许多严肃的葡萄酒爱好者。

例如，米歇尔·福甘在博若莱地区的莫尔贡小村庄开始了他的歌手生涯，并利用个人演唱会的机会拜访了许多酒窖。不过直到他在科西嘉岛定居，他才产生了对葡萄酒真正的热爱。“宁要西拉红葡萄，不要黑葡萄”，比起波尔多酒，米歇尔·福甘更偏爱罗纳河畔的葡萄酒。

卡特琳娜·拉若阿的情况却不是这样。在父亲的启蒙下，她开始学习品尝上－布里翁酒庄、白马酒庄和其他特级葡萄园的葡萄酒，她非常庆幸能够在葡萄酒这方面获得这样无懈可击的教育。她是白马酒庄葡萄酒的爱好者，她也喜欢勃艮第葡萄酒、朗格多克地区的葡萄酒、意大利葡萄酒，当然还有名贵的香槟。“如同音乐，需要听很多曲子，才能爱上一点。”

贝尔纳·拉维埃也是葡萄酒爱好者。他在1995年2月9日发表的《人道主义》里宣称：“食物并不构成我的幻觉，而是肉欲！我是非常典型的里昂人。一张好桌子，不管吃的是什么。厨房，是我最喜爱的场所之一。和妈妈在厨房，从盘子里偷拿她炖好的吃的，然后被妈妈狠狠地赶出厨房，这是我特别喜欢的事！别忘了餐桌边上放着的红葡萄酒……”

说到弗朗西·加布莱尔，他实现了所

弗朗西·加布莱尔，2005年摄。

有热情的葡萄酒爱好者的梦想，因为他在 20 世纪 90 年代初得到了位于波尔多和图卢兹之间的阿斯塔福特的那块宝隆家族的田产。就这样，对自己的工作守口如瓶的他延续了家族的传统：他的父亲和祖父都是种地的农民，他们自己酿酒供全家人喝。他钟情于红葡萄酒，在一次巡回演出中，他向魁北克《新闻报》表达说：“我甚至在吃鱼的时候也喝红葡萄酒，您可以知道我有多爱它。不过，我也并不是过分地喜爱它。我每天晚上会喝两杯红葡萄酒。我从不在白天喝酒，我想要保持思路清晰。但在晚上，我喜欢这快乐的时刻。”

我们还可以列举于贝尔－菲利克斯·提埃非纳，他热爱他的家乡茹拉地区的葡萄酒，他还喜欢弗朗索瓦·哈吉－拉扎罗葡萄酒。哈吉－拉扎罗是“屠夫兄弟”肉店的创始人，他喜欢以他店铺的名字“肉店出品”而不是 T 恤衫的名字来卖他的葡萄酒！

最后，我们怎能不谈到爱娃·卢吉丽这位伟大的音乐女性，她通过讲述作曲家们的人生，感动了法国国际广播电台的几代听众！她最喜爱的葡萄酒一直都是香槟，因为“所有伟大的音乐家都曾受到香槟赐予的灵感上的启发”。

科涅克白兰地的重生源于美国说唱歌手

在葡萄酒酿造产业处于严重危机的时候，科涅克白兰地的那些大商行或许从未想过，拯救他们的竟然是……美国黑人说唱歌手！

科涅克白兰地实际上已经成为美国黑人说唱歌手最喜爱的饮料，而与此相对立的是“盎格鲁－撒克逊白人新教徒”一直钟爱的威士忌。

有五十多个说唱片段说的是“Gnak”，还有许多流行歌曲，比如布斯塔·瑞姆在2002年演唱的《把那瓶库瓦西耶干邑递给我》。这首歌列举了说唱歌手极为崇拜的奢华品牌：艾尼 Henny（即轩尼诗 Hennessy）、雷米 Rémi（即人头马 Rémy Martin）、柯瑞斯 Cris（即侯德乐水晶香槟 le Champagne Cristal de Roederer）…… 在宣传短片里，说唱歌手毫不犹豫地畅饮科涅克白兰地，于是在美国引爆了科涅克白兰地的销售狂潮，从而挽救了萧条中的法国夏朗德省的葡萄园：

> 给我艾尼，你可以给我柯瑞斯，
> 你也可以递给我雷米，但一定要给我库瓦西耶……
> 给我钱，你可以给我汽车，
> 你也可以给我只母狗，但一定要给我库瓦西耶。
> 你可以过来烦我，你可以递给我纸条，
> 你想给我什么就给我什么，但一定要给我库瓦西耶。

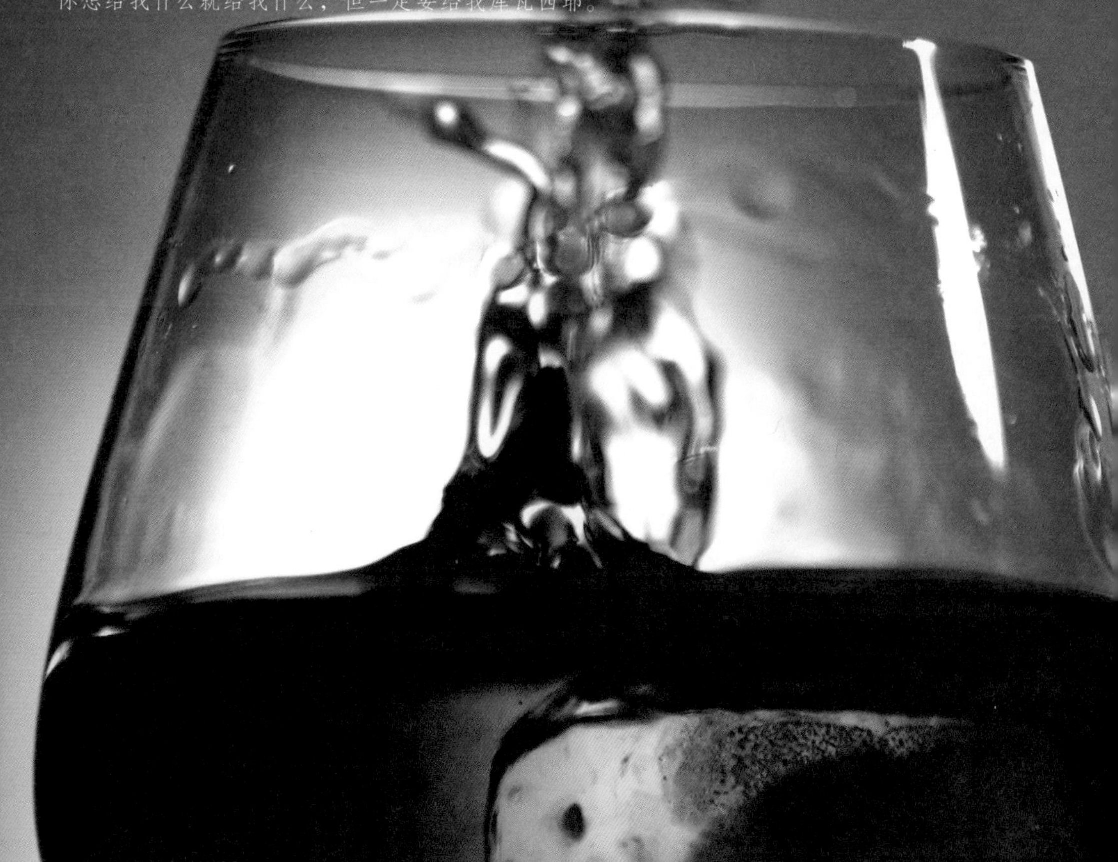

葡萄酒与音乐之间前所未有的谐和

除了饮酒的场合、歌曲以及音乐家的生活，葡萄酒还能够以新颖而独特的方式与音乐联系起来。

例如，一位布鲁尼诺蒙塔奇诺产区的托斯卡纳葡萄种植者，吉昂卡尔洛·塞尼奥茨，他在佛罗伦萨大学研究人员的帮助下，测验了音乐对葡萄生长的影响。冬天，用许多巨大的扬声器不断地播放海顿、韩德尔和莫扎特的乐曲，六七月份时，播放协奏曲和交响乐，在开始采摘之前则播放柴可夫斯基的作品……

观测结果显示，这些听音乐的葡萄树感染寄生虫和真菌疾病的情况有所减少。

法国生物物理学家卓埃尔·斯顿海莫认为，这一现象或许可以用电磁波对植物的新陈代谢尤其是对蛋白质的合成所起的作用来解释。一位比利时农学家，雅尼克·范·多尔纳，甚至把这项研究作为他的主要工作，并以此创立了一家专业化的公司：生态声能！

在另一领域，让－皮埃尔·布朗先生以前是市场营销和贸易主管，后来转做管理，他想到了在召开培训研讨会时将葡萄酒与音乐联系起来。他的方法“葡萄酒爵士乐”，基于品酒和聆听音乐，目的是“唤醒感官”，从而更有效率地进行管理！

我们甚至可以梦想，有一天会制造出一种葡萄酒“管风口琴”，就像乔里－卡尔·于斯曼 1884 年在其小说《逆天》里想象的和烈酒、甜烧酒一起吹奏的管风口琴。

为了“聆听音乐的滋味”，小说的主人公德泽森特为自己制作了一个橱柜，里面并排摆满了装有甜烧酒的小酒桶，酒桶上都安装

《音乐会》，盖瑞特·范·弘奥斯特（1590—1656）绘。

了银质龙头："贴有'长笛、号角、天籁之音'标签的抽屉已被拉开，为演出做好了准备。德泽森特喝了一滴酒，在内心奏起交响乐，终于，喉咙中仿佛有一种音乐倾入耳中的感受。"

另外，他认为每种甜烧酒对应了一种乐器的声音。例如，干爽的柑香酒对应了乐音尖细、圆润的单簧管；莳萝酒对应了音色响亮、类似鼻音的双簧管；薄荷酒和茴香酒对应了既甜腻又辛辣，既吵闹又温柔的笛声；管弦乐队里不可缺少的小号狂怒地鸣响，对应了樱桃酒；杜松子酒和威士忌像有音栓的乐器和长号，突然发出爆裂般尖锐的响声，给味蕾带来强烈的感受。葡萄渣滓烧酒仿佛和着大号发出的震耳欲聋的嘈杂声在咆哮，而弦乐器的共鸣箱和铙钹受到击打而发出来的雷鸣般的轰响，就像乳香和奇奥岛的茴香酒入口时所带来的震撼！他还认为这种相似性能够扩展开来，弦乐器四重奏能够与象征了热气腾腾的、细腻的、尖锐的、柔弱的陈年烧酒一起在上颚发挥作用；也可以与由更加强壮、更加喧闹、更加深沉的朗姆酒所模拟的中提琴一起在上颚发挥作用……"

我要向布鲁诺·布瓦德龙（Bruno Boidron）以及他的费莱出版社（Editions Féret）团队表达我的万分感谢，感谢他在我写作这部作品的过程中赋予我极大的信任与完全的自由。

我要感谢玛丽-克里斯蒂娜·安贝尔认真地重读这部作品，感谢玛丽-艾莲娜·维尔兰为我提供音乐方面的珍贵资料，感谢凯润和埃里克·鲍里尼协助我翻译英语文献，感谢苏兹拉鲁斯葡萄酒大学（位于德罗姆）的档案员吉勒·高坦帮助我查找资料。

我还要感谢让-克里斯多夫·安贝尔和伊莎贝尔·瑰昂为我提出有关盎格鲁-撒克逊音乐的深思熟虑的建议，感谢茱莉亚·里佩尔为本书所作的友好的贡献，以及她为了教学生们音乐而付出的努力。

此外，我想要在这里向那些致力于保护人类有声遗产的有识之士表达我的敬意：Harmonia Mundi 出版社和他们的音乐家们，Frémeaux 出版社以及合伙人，热情的独立出版人们，还有让这些作品得以为公众所见的发行人。

切卡诺（Ceccano）多媒体图书馆（位于阿维尼翁）在我的调研过程中起了巨大的作用，因为它收藏有大量关于音乐的书籍和光盘，尤其在歌剧方面。

最后，我要感谢茱莉、梅蒂娜和克里斯多夫，是他们的耐心和支持伴随了我写作这本书的这段伟大的冒险旅程。

图书在版编目（CIP）数据

葡萄酒与音乐 /（法）何布勒（Reboul,S.）著；程欣跃 译. —北京：东方出版社，2015.2
ISBN 978-7-5060-8010-1

Ⅰ.①葡… Ⅱ.①何… ②程… Ⅲ.①葡萄酒—关系—音乐文化—世界 Ⅳ.①TS971.22 ②J609.1

中国版本图书馆CIP数据核字（2015）第036057号

葡萄酒与音乐
（PUTAOJIU YU YINYUE）

作　　者：[法] 希乐薇 · 何布勒（Sylvie Reboul）
译　　者：程欣跃
责任编辑：陈丽娜
出　　版：东方出版社
发　　行：人民东方出版传媒有限公司
地　　址：北京市东城区朝阳门内大街166号
邮政编码：100706
印　　刷：小森印刷（北京）有限公司
版　　次：2015年5月第1版
印　　次：2015年5月第1次印刷
印　　数：1—5000册
开　　本：787毫米 × 1092毫米　1/16
印　　张：20.25
字　　数：230千字
书　　号：ISBN 978-7-5060-8010-1
定　　价：108.00元
发行电话：（010）64258112　64258115　64258117